椪柑优质丰产栽培技术

（第2版）

编著者
沈兆敏　邵蒲芬　周育彬
罗胜利　徐忠强　李永安
包　莉　刘先进　张树清
赵香春　吴启林

金盾出版社

内 容 提 要

本书由中国农业科学院柑橘研究所沈兆敏研究员等编著。根据10多年来椪柑新品种、新技术的不断推出，编著者本着“信息及时、品种优新和技术先进实用”的要求，对第一版进行了修订和补充。内容包括：椪柑优良品种，椪柑的生物学特性及物候期，生产地的环境条件和区划，繁殖技术，种植密度与种植方式，土、肥、水管理，整形修剪，灾害及生理障碍的防止，病虫害防治，椪柑果实采收、运输和贮藏保鲜技术，果实加工等。全书内容通俗易懂，技术先进实用。适合椪柑种植区果农、技术员及农业院校有关专业师生阅读参考。

图书在版编目(CIP)数据

椪柑优质丰产栽培技术/沈兆敏等编著．—2版．—北京：金盾出版社，2009.6

ISBN 978-7-5082-5709-9

Ⅰ．椪…　Ⅱ．沈…　Ⅲ．柑—果树园艺　Ⅳ．S666.1

中国版本图书馆CIP数据核字(2009)第051780号

金盾出版社出版、总发行

北京太平路5号(地铁万寿路站往南)

邮政编码：100036　电话：68214039　83219215

传真：68276683　网址：www.jdcbs.cn

封面印刷：北京2207工厂

正文印刷：北京万博城印刷有限公司

装订：北京万博城印刷有限公司

各地新华书店经销

开本：850×1168 1/32　印张：7.5　字数：180千字

2009年6月第2版第7次印刷

印数：69001—79000册　定价：13.00元

前　言

全球果树中，柑橘面积、产量居百果之首。椪柑是柑橘果树的重要树种，因其营养丰富，色、香、味皆优，食用方便而被誉称“东亚橘中之王”。

我国是椪柑的原产国，也是最重要的生产国家。世界135个生产柑橘的国家中有30多个有椪柑种植，除日本有少量生产外，其余均为零星和引种种植。

国内有16个省、自治区、直辖市，共300多个县、市生产椪柑，以福建、浙江、湖南、广西、四川、广东、台湾、江西、云南、贵州等省、自治区为主产区。

目前，世界椪柑种植面积不足27万公顷，总产量370万吨。我国椪柑的种植面积和产量分别为25万公顷，约350万吨。

1996年《椪柑优质丰产栽培技术》问世以来，承蒙广大读者厚爱，虽多次印刷，仍需求不减。

随着椪柑生产的快速发展，新品种、新技术不断推出，我们本着“信息及时、品种优新、技术先进实用”的总体要求，对第一版做了较大的修改，新增了椪柑的生物学特性及物候期、椪柑果实加工等内容，以满足广大椪柑种植者、经营者和技术人员的需求。

限于个人的技术水平，书中不妥和错误之处在所难免，敬请不吝指正。

编著者

2009年元月

目　　录

第一章　椪柑概述

柑橘是我国南方栽培的、全国各地人人喜食的佳果，因其营养丰富，色、香、味三绝，既可鲜食，又宜加工和综合利用，而深受消费者的欢迎。由于其经济价值高，也颇受果农的重视。柑橘中的椪柑，优质、丰产、高效，被誉为"东亚橘中之王"，更受人们的青睐。

一、椪柑在国民经济中的地位和作用

(一)椪柑寿命长，丰产、稳产，经济效益高

据调查，椪柑在气候温暖湿润，土壤深厚、肥沃、疏松、呈微酸性，无病虫害，生态条件优越的环境中，寿命长达500～600年，即使在普通的生态条件下，寿命也可在100年以上。椪柑的长寿，对于种质资源的保存有重大的意义。在椪柑生产上，果农希望椪柑是经济寿命长的品种。所谓经济寿命是指果树投产获得经济效益的时间。椪柑的经济寿命长达45～60年。通常实生椪柑树较嫁接椪柑树寿命长。

椪柑结果早、丰产稳产。以枳为砧的椪柑，一般定植的第三年能始花结果，株产2～3千克，定植后6～7年进入丰产期，株产10～15千克，以后随着树龄的增长，株产可增加到50～80千克，最高株产有150千克以上的纪录。椪柑丰产稳产的典型比比皆是，如浙江省衢州市，虽地处北亚热带，但该市的石梁区派头村椪柑每667平方米最高产量达8 613.4千克；广东省杨村华侨柑橘场种植的东13椪柑，3～5年生树平均株产14千克，6年生树每667平方米平均产量2 300千克，进入成年后，每667平方米平均产量达4 000千克。

椪柑果实市场俏销，经济效益高，目前，不同椪柑产区果实每千克的平均价为1.4～2元。种植椪柑在一般常规管理条件下每667平方米产量3 000千克不成问题，如采取科学方法精心管理，每667平方米产量可达5 000千克。以每667平方米产量3 000千克计算，产值就达4 200～6 000元，扣除成本40%，每667平方米纯收入可达2 520～3 600元。

(二)椪柑果实营养丰富，色香味皆优

椪柑是橘不是柑，营养丰富，据中国医学科学院卫生研究所分析，每100克橘的可食部分中含核黄素0.03毫克，尼克酸0.3毫克，维生素C 34毫克，蛋白质0.9克，脂肪0.1克，碳水化合物12.8克，粗纤维0.4克，无机盐0.4克，钙56毫克，磷15毫克，铁0.2毫克，热量234.3焦(56卡)。橘中的胡萝卜素(维生素A原)含量仅次于杏，比其他水果都高。

椪柑果皮中含维生素A、维生素B较多，在果皮的海绵层(白皮层)中还含有橘皮苷，是制脉通剂的好原料。最近，日本京都药科大学的小塚睦夫教授等试验表明，从柑橘中提取的5种类胡萝卜素具有抑癌作用。柑橘种子中还含有维生素E。

椪柑果实橙黄色至橙红色。果实着色是因果实内含物的充实，果皮叶绿素的消失，类胡萝卜素的增加所致。果皮叶绿素的消失是由于类胡萝卜素的显现，这需具备果实的充分长大和有一定时间的20℃左右温度条件。热带成熟的来檬仍是绿色，海南省三亚市椪柑成熟后仍为黄绿色，均系无20℃左右的温度条件所致。果皮色泽与果肉、果汁的色泽密切相关，果皮橙黄色，果肉、果汁的色泽也为橙黄色。

果香是果实成熟后生成的高级醇、酯、醛、酮和挥发性有机酸等物质所产生。上述这些物质和萜烯类在果皮的油胞和砂囊中以油滴状存在，从而使椪柑果实具有橘香，为消费者所喜爱。果香对加工的椪柑特别重要，可不另加香精。

果味，即果实的风味，主要由糖和酸的含量所决定。糖含量高，酸含量低，果实味浓甜；糖含量高，酸含量适中，果实甜酸适中；糖、酸含量均低，则果实风味淡薄。酸含量偏高，则果实味偏酸。

（三）椪柑全身是宝，可综合利用

椪柑果实主要用于鲜食，也可加工成糖水橘瓣罐头和果汁，或制成橘酱、橘酒、橘醋、橘粉和果冻；果皮、果渣可综合利用，提取果胶、酒精和柠檬酸等。加工到最后的残渣物，通过发酵、干制可作饲料。橘络富含营养，又是名贵的中药。椪柑的花，既是良好的蜜源，又可提取香精油，熏制茶。椪柑的叶片、嫩枝可提取香精油。

（四）椪柑适应性强，适宜栽植地区广

椪柑原产于我国，适应性强，北热带和南、中、北亚热带均适于栽培。对土壤也具较强的适应性，不论是荒山、坡地、丘陵、海涂、水田、洲地以及房前屋后、河旁路边，均可种植。这对我国南方农村产业结构调整，振兴经济，满足内销外贸需要，绿化、保持水土和建立良好的生态环境等，都有积极的意义。

二、椪柑的分布

椪柑是典型的热带、亚热带常绿果树，凡能种植柑橘的区域，都可种植椪柑。我国椪柑分布在北纬16°～37°之间，海拔1 800米以下，南起海南省的三亚市，北到河南、陕西、甘肃等省，东起台湾省，西至西藏自治区的雅鲁藏布江河谷均有分布。但主要的经济栽培区域是在北纬20°～33°之间，海拔1 000米以下。我国的四川、重庆、广东、浙江、湖南、广西、福建、江西、湖北、云南、贵州、江苏、上海、安徽、陕西、甘肃、海南、西藏和台湾等省、自治区、直辖市均有栽培，且以福建、广东、广西、浙江、湖南和台湾等省（自治区）为主产，其次是四川、湖北、云南和贵州等省。

三、椪柑的产销现状

(一)生产现状

我国是椪柑的原产国,也是最重要的生产国。全球30多个有椪柑种植的国家中,除日本有少量生产外,其他各国均为零星种植。我国椪柑种植面积和产量均占世界椪柑面积、产量的95%以上。

椪柑适应性极广,适宜在北亚热带至边缘热带的气候带种植。

全国生产椪柑的县、市、区有300多个,重要的生产县、市、区有:福建省的永春县、长泰县,浙江省的柯城区、衢江区,湖南省的吉首市,四川省的荣县,湖北省的当阳市,云南省的石屏县,贵州省的从江县、榕江县等。

全国椪柑栽培面积25万公顷左右,总产量约350万吨,平均每667平方米产量933.3千克,高于全国柑橘平均每667平方米产量706.8千克的水平。以2007年产量为例,各省、自治区椪柑产量依次为:浙江省80万吨、福建省80万吨、湖南省55万吨、广西壮族自治区45万吨、广东省30万吨、江西省17万吨、四川省16万吨,湖北省15万吨,云南省5万吨和贵州省4万吨;其余省、自治区、直辖市产量均为3万吨左右。

(二)销售现状

椪柑是鲜食佳果,2007年国内人均消费椪柑2.7千克,是椪柑消费的主要市场。全年出口椪柑20多万吨,约占椪柑总量的5.7%,出口的国家和地区主要是新加坡、马来西亚、越南、泰国、俄罗斯、加拿大、欧盟等23个国家和地区。出口最多的省是福建,出口14万吨。

椪柑除鲜食外,其加工品如果汁饮料、蜜饯、果酒和果酱等,深受消费者欢迎。

四、椪柑生产存在的问题

(一)单产较低

椪柑小面积的产量平均每667平方米可达5 000千克以上,但总面积的平均每667平方米产量虽高于全国柑橘的平均水平,但仍低于世界平均每667平方米产1 000千克的水平。低产的原因:一是有部分新种植的椪柑未投产;二是基础设施差,抵抗自然灾害的能力不强;三是丰产不丰收,价格波动,影响果农栽培管理措施的到位。

(二)品质不高

椪柑被誉称"东亚橘中之王"(椪柑名柑,实为橘),但因品种良莠不齐,栽培管理粗放,用肥、用药不当,采后商品化处理跟不上等因素,使上市的不少椪柑存在着要么外观差,要么内质低,且不一致等问题。

(三)效益波动

椪柑和其他柑橘一样,市场价格变化大,歉收年价格高,丰收年价格低,甚至出现卖果难问题。价格下跌,影响生产者的经济效益而放松对椪柑的管理。根据目前的科学技术,采取必要的栽培措施,如"三疏"技术(疏枝、疏花、疏果)可以调节大小年,但技术推广力度不大。

(四)销售乏力

尽管不少主产椪柑的县、市、区一到采收季节,各级领导帮助果农闯市场,召开产品推介会、新闻发布会,举办椪柑节等等,虽取得了一定的效果,但很难从根本上解决问题。关键是要提高果农的市场意识和组织化程度,变千家万户的小生产、小经营劣势为大生产、成规模的产业优势。

(五)品牌不响

我国椪柑的品牌不少,如浙江衢州区的一品红,福建永春县的如意牌。但品牌不大不响，市场竞争力不强。

五、椪柑的前景与对策

椪柑品质优，产量高，是消费者青睐、种植者喜爱的品种。随着经济和科学的发展，社会的进步，特别是社会主义新农村建设步伐的加快，椪柑仍将保持强劲的销势。目前国内人均消费椪柑仅2.7千克，若10年内国内消费翻一番达到5.4千克，椪柑的国内需求将达700万吨以上，加上国际贸易的稳步扩大，预测优质的椪柑仍将是价好俏销。因此，椪柑生产者应重点在“良种、适地、适栽”六个字上做大文章，以赢得好的效益。

（一）发展优新品种

椪柑的优新品种是指已栽培的优良品种和近期或正在推出的新品种。简而言之，优新品种要具备“五好”，即好看、好吃、好栽、好贮运、好卖。目前国内种植的优新品种有：椪柑新生系3号、太田椪柑、岩溪晚芦、台湾椪柑、黔阳无核椪柑、金水柑、长源1号椪柑、和阳2号椪柑、东13椪柑、试18椪柑、85-1椪柑、辐育28号无核椪柑、赣椪1号和永春芦柑等，均是既丰产又优质的椪柑。通过新植、高接换种，提高我国椪柑优新品种的比例，为椪柑的优质丰产打下基础。

（二）选择适栽之地

从宏观上考虑，应在20世纪80年代提出的椪柑4个生态区中，选择在椪柑最适宜生态区和适宜生态区栽培；在21世纪初农业部提出的柑橘优势带重点发展。就具体的椪柑基地（果园）而言，应选择气候适宜，有水源，立地和土壤条件好的地域建园。土壤要求“四宜”，即宜微酸性、宜松、宜深、宜肥，达不到要求的要进行改良。

（三）采用科学的栽培技术

椪柑的科学栽培，概括地说是“土、肥、水、果、防”五个字，即土壤管理、肥料管理、水分管理、保果疏果和病虫害防治。椪柑生产的全过程应坚持标准化管理，从生产的源头严格控制化学农药、化学肥料和化学调控剂的使用，从而生产出越来越受消费者欢迎的无公害椪柑、绿色椪柑和有机椪柑。

第二章　椪柑优良品种

椪柑在植物分类上属芸香科(Rutaceae),柑橘亚科(Aurantioideae),柑橘族(Citreae),真正柑橘类中的柑橘属(Citrus L.)。柑橘属分6大类,即大翼橙类、宜昌橙类、枸橼类、橙类、宽皮柑橘类和柚类。宽皮柑橘类又分柑类和橘类2类。椪柑是橘类中的一个品种群。

椪柑属橘类不属柑类,柑与橘的主要区别见表2-1。

表2-1　柑与橘的区别

柑	橘
1. 花大,花径3厘米以上	1. 花小,花径2.5厘米或更小
2. 春叶先端凹口模糊	2. 春叶凹口明显
3. 果皮较难剥,海绵层厚	3. 果皮易剥,海绵层薄
4. 胚淡绿色	4. 胚深绿色

一、椪柑优良品种必备的条件

椪柑优良品种必备的条件,简明地说,就是要好看、好吃、好栽、好贮和好卖。“看”和“吃”是指椪柑果实的外观和内质;“栽”是生产者最关心的问题,是指椪柑的丰产性、适应性和抗逆性等;“贮”即果实的耐贮性,指果实采收后从产地运到销售地,变产品为商品,采后的场所(库、窖等)贮藏,以及果实留树贮藏的时间长短;“卖”是要市场俏销、价好。具体要求如下。

(一)优良的品质

优良品质包括外观、内质两个方面。外观要求果形端正,大小适中(鲜销趋向大果型),色泽佳,橙色或橙红色,果皮细、光滑,果实大小均匀，整齐度好；内质要求果肉多汁，质地脆嫩化渣，糖含量高，糖酸比（糖含量与酸含量之比）高，甜酸适口，少核或无核，富香气。

（二）结果早，丰产稳产

良种应具有结果早，丰产稳产，适应性相对较强，抗逆性强（如抗病虫、抗热、抗寒、抗旱、抗涝、抗风等）等特点。在较粗放管理条件下能优质高产，以较低的投入，取得较高的经济效益。

（三）果实耐贮藏和运输

果实贮藏性能好，贮藏 2～3 个月仍能保持良好的品质和风味；能耐长距离的运输。

二、椪柑优良品种

（一）新生系 3 号椪柑

1. 品种来历　新生系 3 号椪柑是 1953 年由四川省江津园艺试验站从广东省潮州市引入椪柑种子播种后，从中选出的优良株系。20 世纪 60 年代，在重庆市北碚区中国农业科学院柑橘研究所种质资源圃保存，又经多年观察，均表现生长健壮、品质优良，而后各地广为种植。

2. 品种特征特性　树势健壮，生长旺，幼树直立性强。果实扁圆形或高扁圆形，平均单果重 114 克，果色橙黄，果皮厚约 0.28 厘米，种子 6～9 粒。果实可食率 70.7%，果汁率 42.8%，可溶性固形物含量 10.8%～12.5%，糖含量 8～9.5 克/100 毫升，酸含量约 0.6 克/100 毫升，维生素 C 含量约 24.9 毫克/100 毫升。果实耐贮藏。

3. 适应性及适栽区域　适栽椪柑的亚热带均可种植，尤其适合中亚热带气候区。土壤适应性广，山地和平地均可栽培，红壤山地栽培品质尤佳。以枳作砧木结果早，丰产。通常 3 年生树能始花、结果，4～5 年生树株产 10～15 千克，14 年生树常规管理平均株产 55.8 千克，最高株产 87 千克。广东、广西等地多用酸橘作砧木，表现早结果、早丰产。是目前推广的良种之一。

4. *主要物候期* 在重庆市北碚区，2 月下旬至 3 月初春梢萌动，3 月中旬萌芽，4 月初现蕾，盛花期是 4 月下旬至 5 月初，11 月上旬果实着色，12 月上中旬果实成熟。

（二）太田椪柑

1. *品种来历* 太田椪柑是日本清水市太田敏雄在伊予柑作中间砧高接的庵原椪柑上发现的枝变，1980 年登记的早熟大果型新品种。我国于 20 世纪 80 年代后期引入，在重庆、浙江等地种植表现早熟、丰产。

2. *品种特征特性* 树势直立，生长势较弱，但成枝力较强，分枝多。幼果主要是球形和卵形，极少数为扁圆形；成熟果实有高扁圆形、扁圆形和卵形，单果重 130～150 克。果皮橙黄色、光滑，皮较薄。果实可食率 66.5%，果汁率 46.7%，可溶性固形物含量 10.5%～11.5%，酸含量 0.6～0.8 克/100 毫升，肉质脆嫩，甜酸适口，种子 6～8 粒，少的有 3 粒以下的。比一般椪柑提早成熟 15～20 天，但延迟采收易浮皮，风味变淡。

3. *适应性及适栽区域* 太田椪柑适应性广，对气温要求不高，年平均温度 16℃左右果实能正常生长，适宜在各种土壤栽培。红黄壤山地枳砧太田椪柑表现早结果，丰产稳产。枳砧 3 年生树株产 2.7 千克左右，4 年生树株产 17.2 千克左右。

4. *主要物候期* 在重庆市北碚区，2 月下旬至 3 月上旬春芽萌动，3 月中下旬现蕾，4 月上旬始花，盛花期 4 月中旬，10 月上中旬果实开始着色，11 月中旬果实成熟。

（三）长源 1 号椪柑

1. *品种来历* 长源 1 号椪柑是由广东省汕头市柑橘研究所 1973 年选自福建省诏安县太平乡长源村 100 年生的椪柑树，其后代经多年观察优良性状稳定。

2. *品种特征特性* 树势健壮，生长势旺，枝梢密集，结果期较一致。单果重 102～120 克，果形端正，果色橙红，果皮易剥，不易裂果。可溶性固形物含量 12%～13.2%，糖含量 9.5～10.5 克/100 毫升，酸含量 0.8～1 克/100 毫升，肉质脆嫩、化渣，汁多，香味浓，有蜜味，种子 4～6 粒。

3. 适应性及适栽区域　长源 1 号椪柑子代以酸橘作砧木，在红壤山地栽培表现丰产，5 年生树平均株产 39 千克，最高株产 81.5 千克；7 年生树平均株产 46.3 千克以上，最高株产 110 千克。适宜在粤东、闽南等南亚热带区域种植。

4. 主要物候期　在粤东、闽南地区，1 月底至 2 月初春芽萌动，2 月上中旬抽发春梢，2 月中下旬现蕾，3 月上旬始花，3 月下旬盛花，10 月上中旬果实开始着色，11 月中旬至 12 月中旬果实成熟。

(四)和阳 2 号椪柑

1. 品种来历　和阳 2 号椪柑是 1973 年由广东省汕头市柑橘研究所选自福建省诏安县太平乡和阳村。接穗采自 14 年生的椪柑树，植于品种园，经多年观察，优良性状稳定。

2. 品种特征特性　树势健壮，生长势旺，树姿比一般椪柑较开张。果实扁圆形，平蒂，外观端正、美观，果实较大，单果重150～170 克，果皮橙红色，厚约 0.37 厘米，皮松易剥，不易裂果，果心大，平均种子 8.6 粒。可食率 74.2%，可溶性固形物含量 11%～13%，酸含量 0.8～1.1 克/100 毫升，果肉橙红色，肉质脆嫩化渣，汁多味甜，具蜜味，品质上等。果实较长源 1 号椪柑晚成熟 10 天左右。

3. 适应性及适栽区域　与长源 1 号椪柑同。

4. 主要物候期　在粤东、闽南地区，2 月初春芽萌动，2 月中旬抽发春梢，2 月下旬现蕾，3 月中旬始花，4 月初盛花，10 月中下旬果实开始着色，11 月下旬至 12 月下旬果实成熟。

(五)东 13 椪柑

1. 品种来历　东 13 椪柑是 1973 年通过营养系选种，在广东省杨村华侨柑橘场选出。

2. 品种特征特性　树势强健，主枝稍开张，树冠成塔形。花单生，多为有叶单顶花。树冠内外的结果枝均可结果。果大，盛果期果重150～220克，果身较高庄，果形端正，平蒂，果顶部微凹，柱痕小，无脐；果皮橙红色，光泽好，外观美；果心中部大、空心，果皮松紧适度，易剥皮。肉质脆嫩化渣。可溶性固形物含量12%～13%，酸含量约0.59克/100毫升，维生素C含量约22.7毫克/100毫升，每果平均含种子13粒。

3. 适应性及适栽区域　尤其适宜南亚热带气候和红黄壤山地栽培，可用小叶枳、酸橘、江西红橘（主要是朱橘）作砧木。通常3～5年生树平均株产14千克，6年生树平均每667平方米产量2 300千克。

4. 主要物候期　在广州郊区，2月上旬春芽萌动，2月中旬春梢抽发，3月上中旬现蕾，花期3月下旬至4月中旬，果实迅速膨大期9～11月份，12月上旬果实成熟。

（六）试18椪柑

1. 品种来历　试18椪柑全名为试18-1-10椪柑，系广东省杨村华侨柑橘场于1971年从朱橘砧的母树中选出。

2. 品种特征特性　树势健壮，分枝角度较大，树冠较开张，枝梢硬健，比同龄椪柑树矮。果实扁圆形，果形端正，大小均匀，单果重160～180克，果色橙红，有光泽，果皮极易剥，果顶平广，柱痕小，果蒂微凹。果肉柔软，汁胞橙红色，汁多化渣，有微香。可溶性固形物含量10.4%～11.3%，酸含量0.8～0.9克/100毫升，维生素C含量21.6～26.8毫克/100毫升，种子10粒左右。

3. 适应性及适栽区域　试18椪柑，用枳、酸橘、红檬檬、江西红橘作砧木，均表现早结果，丰产、稳产，适应性广，山地、水田均可种植并能获得丰产。5年生树株产27.5千克左右，平均每667平方米产量2 000千克以上。适宜广东地区栽培。

4. 主要物候期　在杨村华侨柑橘场，2月初春芽萌动，2月上中旬春梢抽生，现蕾期3月上旬，花期3月中旬至4月上旬，10月中旬果实开始着色，11月中旬果实成熟。

(七)85-1椪柑

1. 品种来历　1985年由广东省农业科学院从台湾引进的椪柑中选出。

2. 品种特征特性　树势强健，树姿直立，枝条属软枝类型。叶片比普通椪柑叶大，属大叶类型。花多为单花，幼树有叶花数量多，随树龄增大叶花逐渐减少。单果平均重234.2克，果实纵、横径7厘米×8.1厘米，果蒂端及果顶端较平，顶部微凹，果形端正，外观美。果皮平均厚0.39厘米，果皮松紧适度，易剥离。果肉橙红色，肉质较嫩、化渣，可溶性固形物含量约12.2%，酸含量约0.87克/100毫升，维生素C含量约23毫克/100毫升，每果平均种子4.5粒。

3. 适应性及适栽区域　适宜中、南亚热带区域栽培，山地、平地均可种植，广东、广西等省、自治区为适栽区。可用小叶枳、红檬檬、酸橘和江西红橘作砧木。枳砧3年生树株产6千克左右，5年生树株产21千克左右。

4. 主要物候期　在广州市，3月初春梢萌动，3月上旬现蕾，初花期3月中旬，盛花期3月下旬，末花期4月上中旬，12月上旬果实成熟。

(八)黔阳无核椪柑

1. 品种来历　1990年从湖南省浏阳市柏嘉乡引进普通有核椪柑接穗，用枳砧嫁接，1991年发现其中一株果实全部无核。1992～1996年先后从芽变枝及其子代树上采接穗，高接或嫁接，无核性状稳定，综合性状优良。1998年通过湖南省农作物品种审定委员会审定，并定名为黔阳无核椪柑。

2. 品种特征特性　树势健旺，分枝角度小，幼树直立，生长势强，树冠呈长圆形，结果后树冠逐渐展开，呈自然圆头形。枝梢细、密、较柔软。果实扁圆形或高腰扁圆形，果顶圆而微凹，有6～8条浅放射状沟纹，柱痕较大，或呈小脐状，蒂周广平，有5～8个放射状条沟与棱起；果皮深橙黄色、光滑，平均厚0.25厘米，易剥，平均单果重128克，最大果重可达312克。可溶性固形物含量13.5%～16.2%，酸含量0.6～0.8克/100毫升，肉质脆嫩，汁多化渣，甜酸适度，有清香味，无核，品质佳，果实耐贮藏。

3. 适应性及适栽区域　适宜亚热带气候，种植于山地、平地均可，抗寒、抗旱、耐瘠薄，尤适宜红壤山地栽培。6年生枳砧植株高约2.82米，树冠2.18米×1.97米，干周23厘米左右。株产28.9千克左右。盛果期株产可达50千克，将其高接在枳砧的温州蜜柑、冰糖橙、大红甜橙、朋娜脐橙上均表现丰产性良好，第二年开始结果，第四年株产35.5千克左右。

4. 主要物候期　在湖南省洪江市，3月上旬萌芽，3月中下旬现蕾，盛花期4月下旬，10月下旬果实开始着色，11月下旬至12月初果实成熟。

(九)金水柑

1. 品种来历　原名鄂柑1号，系湖北省农业科学院果树茶叶研究所自1978年以来，在抗寒育种研究中利用种芽变温处理、化学诱变等方法培育而成。

2. 品种特征特性　树势旺盛，树姿直立，小枝多，叶幕稠密。果实圆球形，果蒂突起，有放射沟数条，平均单果重143克，果实纵径平均6.22厘米，横径平均7.06厘米，果皮平均厚0.33厘米，较粗，种子8～11粒。果实可溶性固形物含量约12%，糖含量9.5～10克/100毫升，酸含量约1.27克/100毫升，维生素C含量约28.35毫克/100毫升，肉质脆嫩化渣，甜酸适口，有芳香，耐贮运，贮藏135天仍保持92.2%的好果率和较好的品质。

3. 适应性和适栽区域　金水柑抗寒力强，超过同龄的温州蜜柑向山、松山，在−9.5℃的短期低温下树冠仍保持完整的老叶而获得较高的产量。适宜椪柑种植之地均可种植，尤其适合北缘产区种植。

4. 主要物候期　在湖北省当阳市,3 月上中旬萌芽,3 月下旬至 4 月初现蕾,4 月下旬至 5 月初盛花,10 月中旬果实着色,11 月中旬果实成熟。

(十)台湾椪柑

1. 品种来历　台湾椪柑原先引自广东、福建等省。20 世纪 30～40 年代及 80 年代中期,又从台湾省引回台湾椪柑试种和种植。

2. 品种特征特性　台湾椪柑以果大、色深鲜艳、果肉橙红而成为宽皮柑橘的佼佼者。其树势强健,树姿直立性强,枝条细、丛生,幼树冠呈纺锤形,成年树冠呈扁圆形或自然圆头形。叶片较甜橙小,叶翼狭小成线状,叶缘有钝齿,叶片因有波浪形而起伏不平。果形高庄,个大,单果重 160～220 克。果面油胞细密,果皮宽松、易剥,果心中空。可溶性固形物含量 11.5%～13%,糖含量9～10 克/100 毫升,酸含量 0.3～0.7 克/100 毫升,味浓甜,肉质脆嫩,单果种子 6～8 粒,也有无核的。

3. 适应性及适栽区域　台湾椪柑适应性较广,尤其适宜中亚热带和南亚热带栽培,山地、平地均适宜种植。我国华南、福建、四川和重庆等地适宜种植。

4. 主要物候期　在广州市,与 85-1 椪柑相似。在四川省青神县(中亚热带气候),3 月上中旬萌芽,3 月下旬现蕾,盛花期 4 月下旬,10 月中下旬果实开始着色,12 月底果实成熟。

(十一)巨星椪柑

1. 品种来历　巨星椪柑选自实生椪柑的珠心优系,四川省眉山市东坡区有栽培。

2. 品种特征特性　树势强,枝梢粗壮。果实高扁圆形,个大,单果重 200 克以上。果色橙红,肉质柔软化渣,汁多,味甜酸适口。可溶性固形物含量 11%～12.5%,糖含量 8.5～9.5 克/100 毫升,酸含量为 0.5～0.6 克/100 毫升。单果种子 6～8 粒。也有少核果。耐贮藏,品质优。

3. 适应性及适栽区域　适应性广,抗逆性强,凡能种椪柑之地，大多均能种植，尤其适宜在四川形中亚热带气候区域种植。

4. 主要物候期　在四川省眉山市，3月上中旬春芽萌动，3月下旬现蕾，4月下旬盛花，11月初果实开始着色，12月份至翌年1月份果实成熟。

（十二）蜂洞橘

1. 品种来历　选自椪柑芽变，在云南省石屏县、建水县广为栽培。

2. 品种特征特性　树势强健，枝条开张呈伞状。果实高扁圆形，平均单果重123克，果色橙红、鲜艳，果蒂稍隆起，果皮易剥离、厚约0.3厘米，可食率69.63%，果汁率60%以上，可溶性固形物含量约12.9%，糖含量约10.8克/100毫升，酸含量约0.5克/100毫升，维生素C含量约30.1毫克/100毫升，种子8～9粒。果实留树至翌年春节时采收，品质仍佳，且不落果。

3. 适应性及适栽区域　适应性较广，抗逆性较强，尤其适宜云南省栽培，枳砧蜂洞橘早结果、早丰产，3年生树始花挂果，7年生树株产30千克左右。

4. 主要物候期　在云南省石屏县，2月初春芽萌动，2月中下旬春梢抽生，2月下旬现蕾，4月上中旬盛花，10月下旬果实开始着色，12月初果实成熟。

（十三）溪南椪柑

1. 品种来历　系1987年在福建省漳平市溪南镇选得漳南1号无核、少核芽变营养系单株。1995年经品种审定，定名为溪南椪柑。

2. 品种特征特性　树势健旺，分枝角小，树姿直立。花蕾白色，椭圆形，花萼5枚，浅绿色，花瓣5枚，花药发育正常，花粉黄色。果实扁圆形至高扁圆形，果蒂平略凸，个别果具短颈；果顶略凹，有明显放射沟纹。果皮橙红色、稍粗，皮厚0.23～0.32厘米，平均单果重159.5克，大的可达219克。可溶性固形物含量约12.8%，高的可达15.2%，酸含量约0.71克/100毫升，维生素C

含量约 32.45 毫克/100 毫升。果肉脆嫩、化渣，清甜味浓，有种子 3.1～3.3 粒，品质上等。

3. 适应性及适栽区域　适宜在中、南亚热带地区栽培，尤其适宜在南亚热带地区栽培。以福橘作砧木，生长势较旺，用枳作砧木早结果、丰产。7 年生树平均株产 66 千克。

4. 主要物候期　在福建省漳平市，3 月上旬萌芽，3 月下旬现蕾，始花期 3 月下旬，盛花期 4 月上旬，谢花期 4 月中旬，10 月下旬果实着色，11 月中下旬果实成熟。溪南椪柑与普通椪柑相比物候期推迟 10～15 天。

(十四)无核椪柑辐育 28 号

1. 品种来历　1990 年 3 月在湖南省泸溪县“8306”优良椪柑新株系的原种母株上采接穗，用 ^{60}Co-γ 射线进行辐照，1997 年春复选出综合性状最好，编号辐育 28 号的单株。

2. 品种特征特性　树势中等，树姿直立，叶片形状、大小与普通椪柑差异不大。果实中等，平均单果重 120.4 克，果实高扁圆形，横径约 7.15 厘米，纵径约 6.58 厘米，果色橙黄色，蜡质层厚，果皮厚约 0.23 厘米，较光滑而富有光泽。果实可食率 64.1%，可溶性固形物含量约 14%，糖含量约 12.11 克/100 毫升，酸含量约 0.71 克/100 毫升，维生素 C 含量约 28.62 毫克/100 毫升。果肉橙黄色，无核，味浓、质脆、化渣，品质上等。果实耐贮藏。

3. 适应性及适栽区域　适宜以枳、红橘作砧木，枳砧早结果、丰产，平均每 667 平方米栽 112 株，定植后第五年株产约 18.2 千克，每 667 平方米产量约 2 038.4 千克。适合在中亚热带和北亚热带种植。此外，有较强的抗旱耐瘠能力，适合红壤及山地栽培。

4. 主要物候期　湖南省吉首市，4 月上旬春梢萌芽，5 月上旬始花，5 月中旬盛花，11 月上中旬果实着色开始，11 月下旬至 12 月初果实成熟。

(十五)赣椪 1 号

1. 品种来历　系从江西省德兴市椪柑园中初选出的无核、少核椪柑 17 株单株中选出，1997 年定名赣椪 1 号。

2. 品种特征特性　树姿直立，树形近圆柱形，枝梢分枝力强，树势较旺。果实高扁圆形，平均单果重 114.6 克，果形整齐。果皮光滑，橙红色，果皮厚约 0.23 厘米。可溶性固形物含量约 14.2%，酸含量约 1.1 克/100 毫升，维生素 C 含量约 19.7 毫克/100 毫升，单果平均含种子 0.1 粒，肉质脆嫩、化渣，果汁多，品质上等。

3. 适应性及适栽区域　适应性强，在北亚热带和柑橘北缘地域栽培能正常生长结果，在冬季较低温度下能安全越冬，冻后恢复能力强，对丘陵红壤适应性较强，且对炭疽病有较强的抗性。着果率较高，丰产。

4. 主要物候期　在江西省德兴市，3 月上中旬春梢萌动，3 月中下旬萌芽，4 月上中旬现蕾，4 月下旬至 5 月初初花，盛花期 5 月上中旬，10 月下旬果实着色，11 月中下旬果实成熟。

(十六)华柑 2 号

1. 品种来历　系华中农业大学、湖北省长阳土家族自治县农业技术推广中心等单位从长阳县渔峡口镇岩松坪村老系实生硬芦园中选出，原代号为清江椪柑 1 号，经审定，定名为华柑 2 号。

2. 品种特征特性　树势中庸，树姿较开张。叶片长椭圆形，枝梢顶芽易抽丛生结果枝，以中、长枝为主要结果母枝，花芽分化能力强，一般为单花，顶花、有叶花着果。果实扁圆形或扁圆形略带短颈，单果重 160 克左右，果色介于橘黄色与橘红色之间，果面稍粗糙，油胞稍凹陷。果实可溶性固形物含量约 15.2%，酸含量 0.6～0.7 克/100 毫升，维生素 C 含量约 32.4 毫克/100 毫升，皮薄，风味浓，肉质爽口化渣，单果平均含种子 5～7 粒。

3. 适应性及适栽区域　适宜在≥10℃的年活动有效积温 5 500℃以上，极端低温≥－8℃的地域栽培。

华柑 2 号结果早，丰产，大苗定植的枳砧 3 年生树株产可达 10 千克，每 667 平方米产量 2 500 千克左右。

4. 主要物候期　在湖北省长阳县，3月中旬春梢萌动，4月初至4月中旬春梢抽生，4月中旬现蕾，4月下旬开花，10月下旬果实着色，11月下旬至12月上旬果实成熟。

（十七）岩溪晚芦

1. 品种来历　1981年从福建省长泰县岩溪镇青年果场的椪柑园中选出。经对其母树和无性后代的连续多年观察，发现该品种晚熟性状稳定。

2. 品种特征特性　除较一般椪柑晚熟50～60天，即在翌年1月下旬至2月中旬成熟外，还具有以下特征特性：树势强健，分枝角小，枝梢较密，树冠圆筒形。果实扁圆，单果重150～170克，果顶平至微凹，有较明显的放射状沟8～11条。果色橙黄，果面较光滑，果皮厚0.26～0.31厘米。果实可食率为75%～78.6%，可溶性固形物含量13.6%～15.1%，糖含量10.4～12克/100毫升，酸含量0.9～1.1克/100毫升，单果种子4～7粒，部分果实少核，在3粒以下。肉质脆嫩化渣，甜酸适口，具微香，品质佳。果实晚熟、耐贮，贮藏至4月底5月初风味仍佳，可溶性固形物仍高达12%左右。

3. 适应性及适栽区域　适应性广，在山地、平地和水田，南、中、北亚热带地区均可种植。丰产稳产。9年生树平均株产130千克，最高的株产达161.8千克。无性后代在加强管理的条件下，表现速生、早结果和丰产，3年生树平均株产15千克，4年生树平均株产17千克。岩溪晚芦裂果少，抗寒，全国不少产区引种、试种，是可供发展的椪柑晚熟品种。

4. 主要物候期　在福建省长泰县，2月底至3月初萌芽，4月上旬现蕾，初花期4月上旬，盛花期4月上中旬，谢花期4月20日前后，12月上旬果实开始着色，翌年1月下旬至2月中旬果实成熟。

（十八）奉新椪柑

1. 品种来历　系江西省奉新县干洲农民余克义1931年从南

昌水果店获得美国运来的鲜果采其种子繁育，经 60 年的人工驯化，选育而得。

2. 品种特征特性　树姿直立，树冠广圆头形，树势强，发枝力强，幼树生长快。最大的特点是抗寒性强。果实高扁圆形，果蒂部隆起或平，且有不规则放射沟。单果平均重 130 克，最重的可达 320 克。果皮橙黄色、光滑，皮厚 0.23～0.27 厘米。果肉脆嫩化渣，汁多，味甜，有清香；可食率 79.8%，可溶性固形物含量约 11.53%，糖含量约 9.98 克/100 毫升，酸含量约 0.63 克/100 毫升，维生素 C 含量约 37.24 毫克/100 毫升，单果种子 5～11 粒，果实耐贮藏。

3. 适应性及适栽区域　适应性广，山地、平原均能种植，耐肥，耐瘠，抗旱，抗寒，已稳定通过 5 个－9℃的低温年，1977 年 1 月 30 日短暂极端低温－10℃以下，其受冻程度仍较耐寒的温州蜜柑轻。常用三湖红橘、本地红橘和枳作砧木。以枳为砧木栽后第二年始花结果，第三年每 667 平方米产量 300～500 千克，第四、第五年每 667 平方米产量 1 000～1 500 千克。10 年生树株产 40～60 千克，17 年生树株产高的达 150 千克。适宜在椪柑适种之地种植，尤其适宜温度偏低的北亚热带和北缘地区种植。

4. 主要物候期　在江西省奉新县，2 月下旬至 3 月初萌芽，3 月上中旬现蕾，盛花期 4 月下旬，10 月中下旬果实开始着色，11 月下旬果实成熟。

（十九）桂林椪柑 564

1. 品种来历　系 1973 年从广西壮族自治区柑橘研究所柑橘园中选出。

2. 品种特征特性　树冠倒圆锥形，树姿开张，树势中等，枝条细而密生。果实高庄扁圆形，果形端正，大小均匀，平均单果重 152 克。果皮光滑，色泽橙色至橙红色，果皮厚约 0.3 厘米。可食率 76.8%，果汁率 57.8%，可溶性固形物含量约 13.7%，糖含量约 11 克/100 毫升，酸含量约 0.8 克/100 毫升，维生素 C 含量约

32.8毫克/100毫升。果肉橙红色，质地脆嫩化渣，风味浓甜，每果平均种子5.2粒，贮藏性好。

3. 适应性及适栽区域　适应性广，山地、平地，中、南亚热带区域均可栽培，尤其适宜广西地区种植。以枳作砧木结果早，丰产，子代的2年生树平均株产38千克，第三代5年生树平均株产30千克。

4. 主要物候期　在广西省桂林地区，2月初春芽萌动，2月下旬至3月上旬现蕾，盛花期4月上中旬，10月上中旬果实开始着色，12月上中旬果实成熟。

(二十)永春芦柑

1. 品种来历　系20世纪50年代初从福建省漳州市引入，经长期栽培选育而成。

2. 品种特征特性　树冠圆头形，树势中等。果实高扁圆形，单果重150～180克，果色橙红色，果皮薄、厚0.2～0.3厘米、易剥。可食率76.4%，果汁率52.4%，可溶性固形物含量12%～14%，糖含量约12.46克/100毫升，酸含量1～1.2克/100毫升，维生素C含量约30.57毫克/100毫升，种子少，风味浓，品质优。

3. 适应性及适栽区域　以福橘、酸橘作砧木，表现丰产稳产，且耐旱、耐瘠，抗病虫害；以枳作砧木，表现早结果，丰产，果大。适于红黄壤山地栽培。3年生树株产3～5千克，6～7年生树株产30千克左右。

4. 主要物候期　在福建省永春县，2月中下旬萌芽，2月中下旬现蕾，3月上中旬初花，盛花期4月上中旬，10月上旬果实开始着色，11月下旬至12月上中旬果实成熟。

第三章　椪柑的生物学特性及物候期

一、椪柑的生物学特性

椪柑树体由根、芽、枝、叶、花、果和种子等器官组成。其树体结构分为地上部、地下部和根颈部(嫁接苗)3部分。

地上部是指树体地面以上的部分,包括树干、树冠。树冠包括主枝、副主枝、侧枝、枝组、枝以及叶、花、果。

地下部是指树体地面以下,土壤中的根系部分。包括主根、侧根、须根和菌根等。按根的生长角度又分垂直根、斜生根和水平根等。

根颈部是指椪柑嫁接树砧穗结合部,是连接地上部和地下部的纽带。因离地面很近,土壤湿度大,雨水从树冠上顺树干下流,又是农事操作易伤和病虫害易侵入的部位,因此,根颈对嫁接椪柑植株的生长发育和寿命长短影响极大。

(一)根

根的主要功能是从土壤中吸收水分和养分,合成、贮运有机营养物质。同时,对树体起固定作用。

椪柑根系分布因砧木、繁殖方式和树龄等不同而不同。枳砧椪柑的根较红橘砧椪柑浅;幼树的根较成年树浅;嫁接树的根较实生树(由椪柑种子发育而成的树)浅。

椪柑根系的深浅还与环境条件有关。土壤疏松深厚、肥沃,地下水位低的椪柑根系较深;相反,土壤板结、瘠薄,地下水位高的根系较浅。椪柑生长发育适宜疏松、深厚、肥沃、呈微酸性的土壤。

椪柑根一年有几次生长高峰,且不同的产区有差异。据观察,地处南亚热带的华南地区，椪柑先长根，后抽春梢，春梢大量生长时，根系生长微弱；待春梢转绿后，根系加快生长，至夏梢抽生前根系生长达到高峰。以后秋梢大量抽生前和转绿后又出现根系生长高峰。中亚热带和北亚热带，椪柑通常先长叶后长根。椪柑根系、枝梢的生长互成消长关系，轮流进行。

椪柑根系与枝、叶既相互依存，又能互相制约。根吸收水分和养分供枝、叶进行光合作用；而叶片光合作用制造的养分又供根系生长发育。根系与地上部又有互相平衡的关系，当大枝回缩或折断，常会促生大量新梢；大根伤、断也会重发新根，以保持根系和树冠的平衡。

（二）枝（干）

枝（干）由芽抽生、伸长发育而成。

主干是指根颈部到第一分枝点间的树干。其主要功能是支撑树冠，同时又是根系与树冠间相互联系的大动脉，使营养物质上下流通。

枝，又称梢，是增加叶面积和开花结果的基础。主要功能是输导和贮藏营养物质，幼嫩的枝梢能进行光合作用。

枝梢的生长和结果受分枝角和分枝级数的影响很大。分枝角度大，枝梢生长弱，且披垂；分枝角度小，枝梢生长强。结果与分枝级数有关。级数划分，以主干为 0 级、主枝为 1 级，副主枝为 2 级，侧枝为 3 级……依此类推。正常情况下，4 级分枝时能开花结果；7～8 级分枝时不再抽生二次梢，分枝级数越高，发梢次数越少。

1. 枝的种类　椪柑一年抽生 3～4 次梢，按发生的时间分为春梢、夏梢、秋梢等。枝梢以其一年中是否继续生长又分为一次梢、二次梢、三次梢。一次梢一年内只长一次梢，如春、夏、秋梢；二次梢是指一年内春梢上长夏梢或秋梢、也有夏梢上长秋梢的；三次梢是指一年内春梢上长夏梢，夏梢上长秋梢。依生长状态和结果与否又可分为徒长枝，营养枝（生长枝）、结果枝和结果母枝等。

2. 春、夏、秋梢

(1)春梢　一般在2月下旬至5月初，雨水至立夏期间抽生。春梢节间短，叶片较小，先端尖，但抽生较整齐。

(2)夏梢　一般在5～7月份，立夏至立秋期间抽生。幼树抽生夏梢较多，衰老树一般不抽生夏梢。夏梢的叶片较大，但因生长快，枝断面呈三棱形、不充实。叶色淡、翼叶宽，叶端钝。夏梢是幼树成冠主要的梢，结果树夏梢多会引起落果。

(3)秋梢　一般在8～10月份，立秋至立冬期间抽生。秋梢生长势较春梢强，较夏梢弱，枝断面也呈三棱形。叶片大小也介于春、夏梢之间。

3. 生长枝、徒长枝、结果母枝和结果枝　生长枝又叫营养枝，凡不着生花、果的枝和无花芽的枝，都称营养枝。良好的营养枝，可转化为翌年的结果母枝。

徒长枝是生长特别强旺的营养枝，多数是在树冠内膛的大枝上，甚至在主干上。

结果母枝是指前一年形成的梢，翌年抽生结果枝的枝。春梢、夏梢、秋梢，春夏梢、春秋梢二次梢、强壮的春夏秋三次梢，均可成为结果母枝。

结果枝是指结果母枝上抽生的带花的春梢，有花的称花枝，落花的称落花枝。结果枝可分为有叶花枝(又称有叶结果枝，枝上花、叶俱全)和无叶花枝(又称无叶结果枝，枝上有花无叶)。

(三)叶　片

椪柑的叶片具有光合作用、贮藏作用、蒸腾作用和吸收作用。叶片中的叶绿素是光合作用不可缺少的物质；叶片是贮藏养分的重要器官，能贮藏树体40%以上的氮素和大量的碳水化合物；叶片可以蒸腾树体的水分，使树体水分达到平衡；叶片表面有许多气孔，尤其是叶背的气孔为叶面的2～3倍，能吸收空气中的二氧化碳、水分及氮、磷、钾、锌、镁等多种营养。

椪柑叶片的寿命通常为18～24个月，长的可达36个月。

(四)花

椪柑的花为完全花,但因在发育中受外界条件的影响,又有完全花和畸形花(不完全花)之分,花的各器官生长发育正常的称完全花,凡因受影响而导致发育不完全的花称畸形花。完全花坐果率高。

花为蜡白色,花小。开花受气候条件影响大,尤其是温度。遇低温花期延迟;遇高温花期提早、缩短,甚至花器萎蔫或死亡,影响授粉、受精;遇阴雨、大风也影响授粉。椪柑花的发育,需要丰富的营养物质,花中的氮、磷、钾含量很高。

(五)果　实

椪柑的果实为柑果,由子房的受精核发育而成。果实着生在结果枝上,由果柄连接,萼片紧贴果皮,果柄处称果蒂,相对应的另一端称果顶,果顶的两旁叫上果肩,果蒂的两旁叫下果肩,果蒂到下果肩之间叫颈部,常有放射状沟纹或隆起。花柱凋落后在果顶上留有柱痕,柱痕周围有印环。果实的横切面长叫横径,果实的纵切面长叫纵径,纵横径之比叫果形指数。

(六)种　子

椪柑果实的种子是精子和卵子结合形成合子,合子经生长发育形成种子。椪柑种子为多胚,通常只有 1 个有性胚,其余为无性胚。无性胚由珠心细胞发育而成,又称珠心胚,一般有性胚不如无性胚健壮。椪柑种子的胚为绿色。

椪柑和其他柑橘一样,各器官间既相互依存,又相互独立。如椪柑树冠的某一部分受到损伤,由于养分的减少,会使地下部根系的相对部分生长不良,表现出器官间互相依存的一面。椪柑树冠的主枝、侧枝等均有相对独立性的一面,各枝的生长势和结果量等都可各不相同,甚至同一树冠上的主枝、侧枝乃至枝组还可交替结果。

二、椪柑的物候期

椪柑与其他柑橘一样，一年中的生长发育有一定的规律性，并随着气候、季节的更替而变化，称之为生物物候期，简称物候期。

椪柑物候期分为发芽期、枝梢生长期、花期、果实生长发育期，果实成熟期和花芽分化期等。

(一)发 芽 期

芽体膨大伸出苞片时，称为发芽期。椪柑发芽最重要的条件是温度，其次是水分。发芽的迟早与气候、品种有关。通常在 2 月上旬至 3 月上旬。

(二)枝梢生长期

椪柑一年中通常抽生 3～4 次梢，按季节分为春梢、夏梢、秋梢和冬梢，按次数分为一次梢、二次梢和三次梢。

(三)花　期

椪柑花期分为现蕾期和开花期。

1. 现蕾期　从能辨认出花芽起，花蕾由淡绿色转为白色至初花开前称现蕾期。中亚热带的重庆产区，椪柑于 2 月下旬至 3 月中旬现蕾。

2. 开花期　花瓣开放，能分辨出雌、雄蕊时称为开花期。开花期又以开花的量分为初花期(全树 5%的花开放)、盛花期(25%～75%的花开放)和谢花期(95%以上的花瓣脱落)。椪柑开花早迟受气候和品种的影响，气温高，开花早，花期短。

(四)果实生长发育期

从谢花后 10 天左右果实的子房开始膨大，到果实成熟前的时期，称为果实生长发育期。果实生长发育期有 2 次生理落果：带果梗脱落的为第一次生理落果；其后，不带果梗从蜜盘处脱落为第二次生理落果。北、中亚热带产区的落果通常第二次生理落果在 7 月初开始至 7 月上旬结束，南亚热带落果结束的时间提前。

(五)果实成熟期

果实从果皮开始转色至果实品质表现出该品种的色泽、果汁和糖酸含量、风味等固有特性的时期称果实成熟期。

(六)花芽分化期

从叶芽转变为花芽起,直到花器官分化完全为止的这一时期,称花芽分化期。椪柑花芽分化期是从 9 月份至翌年 2 月份。

第四章　椪柑对环境条件的要求及区划

椪柑与所有柑橘类果树一样，与外界环境条件有着密切的关系。环境条件影响椪柑的生长发育、开花结果；反过来，椪柑的种植也会不同程度地影响环境条件。

椪柑区划是研究椪柑生长结果与外界环境条件关系的科学。从自然、经济、技术等因素分析椪柑栽植地域的相似性和差异性，从而发挥优势、扬长避短，提出椪柑适宜的种类、品种和品系，在适宜地域种植的区划意见，为椪柑生产制定发展规划和为科学管理提供依据，以达到椪柑优质、丰产和高效的目的。为了把握好椪柑区划，必须了解环境条件对椪柑的影响，这是做好椪柑区划的前提。

一、椪柑对环境条件的要求

（一）温　度

椪柑是热带、亚热带果树，种植受气温，特别是冬季低温的限制，因此，在环境条件中，温度是最主要的因素。温度不仅对某一区域能否种植椪柑起决定作用，而且在能够种植椪柑的条件下，不同温度对树体生长量、结果量和果实品质都会有较大影响。如广西产区从北到南，由桂林市到南宁市，果实的可溶性固形物和糖含量随着气温上升而增加，见表 4-1。

表 4-1 广西产区椪柑品质与气温的关系

地区（市）	可溶性固形物（%）	糖含量（克/100毫升）	酸含量（克/100毫升）	糖酸比	维生素C含量（毫克/100毫升）	年平均温度（℃）	≥10℃的年积温（℃）	1月份平均温度（℃）	极端低温平均值（℃）
南宁	14	11.78	0.89	13.24	33.32	21.6	7415.1	12.7	−0.8
柳州	13	11.49	0.71	16.18	26.5	20.5	6707.4	10.5	−0.6
桂林	12	8.3	0.93	8.92	31.7	18.8	5964.1	8.2	−1.7

1. 椪柑生长的最适、最低和最高温度　椪柑性喜温暖，对温度敏感，最适生长温度为26℃左右，在23℃～34℃范围内均适宜生长。椪柑停止生长的最低温度为12.8℃，最高温度为38℃左右。能忍耐的极端低温为－9℃左右，终年保持椪柑最适生长温度不仅无意义，而且会影响花芽分化，因椪柑在12.8℃以下才开始花芽分化。在无相对休眠低温的边缘热带种植椪柑，果树周年生长，在栽培技术上要采取干旱、环割或喷布激素等措施来促进椪柑花芽分化。

2. 年平均温度、年活动积温和冷月平均温度　日本学者田中长三郎曾提出温州蜜柑对温度最低要求的“三五”线，即年平均温度15℃，冷月平均温度5℃，极端低温－5℃。实际上，我国柑橘种植已超出“三五”线的范围，温州蜜柑能耐－9℃，甚至更低的温度。椪柑能耐－8℃～－9℃低温。用周年平均温度来衡量椪柑生长、发育所需的热量指标，其优点是便于计算和使用，缺点是不能反映椪柑各生育时期温度分布和变化特征。冬季严寒、夏季酷热的产区年平均温度可能会与冬暖夏凉的地区相同，但极端低温差别极大。如河南省南阳地区、云南省昆明地区和江苏省南京地区，年平均温度分别为15.2℃、14.8℃和15.3℃，均在15℃左右，但极端低温相差甚大：南阳地区－21.2℃，昆明地区－5.4℃，南京地区－14℃，昆明地区能种椪柑，南阳、南京地区就不能种椪柑。

年活动积温，也称年有效积温或大于及等于10℃的年活动积温(≥10℃年活动积温)。用年活动积温作为椪柑能否种植的温度指标,是以椪柑生长的最低温度 12.8℃为依据。后来为计算方便,不用 12.8℃,而用一年中日平均温度大于 10℃的有效温度逐日相加,得到>10℃的年有效积温。如某日平均温度 12.5℃,则此日>10℃的有效积温为 2.5℃。以此法来计算年有效积温的在章文才、江爱良的《中国柑橘冻害研究》一书中采用。另一种计算方法是将一年中≥10℃所有天数的温度累加,即将某日平均温度 12.5℃作为≥10℃的有效积温,而不用 2.5℃。中国农业科学院柑橘研究所沈兆敏等在《中国柑橘区划与柑橘良种》一书中采用这种计算方法。如福州≥10℃的年活动积温有的书上为 3 516℃,有的书上则为6 457℃,3 516℃是采用前一种计算方法,6 457℃是采用后一种计算方法。

除上述 2 种计算方法外,第三种计算方法是以 12.8℃作为起算温度,以 3～11 月份各月份多年平均月温减 12.8℃,乘各月的日数累加作为年有效积温。

从我国椪柑生产的实际情况看,年有效积温可作椪柑能否种植的衡量指标,但应侧重考虑极端低温对椪柑种植的限制。如福州年有效积温 6 457℃,与椪柑种植的生态最适宜区是一致的。南京年有效积温为 4 932.3℃,可划入椪柑生态的次适宜区,但事实上南京冬季极端低温达－14℃,不能种椪柑。

冷月平均温度是指 1 月份或 2 月份的平均温度。我国多数椪柑产区 1 月份为冷月。冷月平均温度作为椪柑能否种植的温度指标之一,是因为冷月的平均温度对晚熟品种的影响比年平均温度更大,关系到果实能否安全越冬的问题。

3. 温度对椪柑生长发育的影响　温度过低会使椪柑停止生长、发育,器官受冻,甚至冻死。反之,温度过高也会影响椪柑的生长、发育。

(1)温度对椪柑枝梢生长的影响　气温适宜,生长旺盛,四季能抽发新梢,如地处南亚热带的广东省、福建省闽南地区和地处边缘热带的海南省万宁、三亚等地，椪柑一年中能抽发多次梢。气温稍低的中亚热带和北亚热带，一般一年可抽发春梢、夏梢和秋梢3次梢，且各次梢的生长量与南亚热带、边缘热带的椪柑相比要小得多。另外，从各次梢的生长量看，夏梢最长，秋梢次之，春梢最短，这与夏季温度高、秋季温度次之、春季温度较低密切相关。

(2)温度对椪柑根系生长的影响　由于根系在地下，故与土壤温度(土温)关系密切。通常在土温12℃左右时开始生长，适宜生长的土温是23℃～31℃。当土温降到19℃以下时，根系生长减弱；在9℃～10℃时仍能吸收水分和氮素养分，降至7.2℃时则失去吸收能力，叶片开始萎蔫。土温高达37℃以上时，根系停止生长，土温达40℃～45℃时根系死亡。

(3)温度对花芽分化和坐果率的影响　椪柑花芽通常在采果前进行生理分化，采果后进行形态分化，花芽分化一般指形态分化，此过程在果实采后至翌年春芽萌动前进行。花芽分化是一个复杂的过程，低温和干旱是诱导椪柑花芽分化的必要条件。温度不仅影响椪柑花期的迟早，而且影响坐果率。椪柑花期从北亚热带到南亚热带，因温度由低变高而使花期逐渐提前，南亚热带的云南省华宁县，椪柑花期在2月下旬至3月下旬，而北亚热带的浙江省衢州市，椪柑花期在3月中旬至4月下旬。椪柑的坐果率通常为2%～4%，但若在花期和幼果期遇高温，就会使花器发育异常，花期缩短，落花严重；使第一次生理落果和第二次生理落果加剧，致使坐果率降低，产量锐减。

(4)温度对果实膨大的影响　在其他条件满足时，温度适宜，果实膨大快(日本小林认为温度20℃～25℃是果实膨大的最适温度)，到采收时果实也大。反之，果实生长膨大受阻。

(5)温度对椪柑果实品质的影响　温度对椪柑果实品质的影响非常明显，现将不同积温、不同年平均温度与不同椪柑产区的果实品质列于表4-2。表中说明，从温度高的南亚热带到温度低的北亚热带，糖含量由高到低的趋势明显，酸含量有由低到高的趋势。

表 4-2 温度与椪柑果实品质的关系

地 区	≥10℃的年积温(℃)	年平均温度(℃)	糖含量(克/100毫升)	酸含量(克/100毫升)	维生素C含量(毫克/100毫升)
广东省汕头市	7649	21.5	13.2	0.72	27.4
福建省漳州市	7494	21.1	12.2	0.74	30.1
福建省华安县	7273	20.9	12.2	0.54	27.3
福建省永春县	6952	20.5	11.1	0.61	25.6
贵州省罗甸县	6489	19.6	10.4	0.51	28.8
重庆市江津区	6019	18.4	9.1	0.85	26.9
云南省建水县	6250	18.3	10.9	0.42	29.1
四川省旺苍县	5073	16.2	9.0	0.85	30.7
江苏省吴江市	5069	16.0	9.5	0.91	26.1

(6)温度对果皮色泽、厚度的影响 成熟椪柑的橙黄色或橙红色,主要是类胡萝卜素。类胡萝卜素随气温下降、果皮中的叶绿素分解才逐渐显现。在秋冬气温过高的地方,由于叶绿素得不到一定时间的20℃以下的温度而使其分解受阻,导致果实绿色难以褪失,果实成熟了,但果色淡黄,甚至未褪绿。温度与果实色泽有随温度提高,色泽变浅的趋向。果皮厚度与温度也有关,通常随温度增加而果皮变薄。如地处南亚热带的广东省汕头市所产椪柑,通常果皮厚0.23~0.25厘米,而地处北亚热带的浙江省衢州市所产椪柑,一般果皮厚0.3厘米以上。

(二)日 照

日照是果树进行光合作用、制造有机物质不可缺少的光热能源。由于椪柑和其他柑橘品种一样,属耐阴性较强的果树,因此,日照强度对椪柑栽培的限制作用次于温度、水分和土壤等环境条件。

1. 最适的光照、光饱和点和光补偿点　椪柑和其他柑橘一样是短日照果树，喜漫射光，较耐阴。光照过强或过弱均不利于生长结果。一般认为年日照 1 200～1 500 小时最适宜。椪柑最适的光照强度为 15 000 勒(克斯)。光照强度与椪柑生长发育，尤其是产量和品质关系密切。这是由于光合作用强度(简称光合强度)在很大程度上受光照强度的影响。通常在其他条件满足的前提下，椪柑的光合强度随光照度的增加而加快。但当光照强度升高到一定程度以后，光合强度就不再增加，这时的光照强度称光饱和点。椪柑的光饱和点为 35 000～36 000 勒(克斯)。当光照减弱到一定程度时，椪柑的光合强度与呼吸强度相等，使光合作用制造的干物质被呼吸作用全部消耗，此时的光照强度称为光补偿点。椪柑的光补偿点受叶片的位置、叶龄、气温以及大气成分等的影响，通常椪柑的光补偿点为 1 000～2 000 勒(克斯)。

我国椪柑产区的年日照均能满足椪柑的要求，福建省年日照 1 800～2 100 小时，广东省 1 800～2 600 小时，云南省 2 000～2 600 小时，浙江省 1 800～2 000 小时，广西壮族自治区 1 400～1 900 小时，四川省 1 000～1 400 小时。

光热有互补性，光照强可弥补热量的不足。如云南高海拔地域种植椪柑，温度稍低，但因光照强，弥补了温度的不足，仍能使椪柑优质、丰产。

2. 光照强弱对椪柑的影响　椪柑不同生育期对光照要求不同，如在幼叶、花蕾形成和新梢成熟等生长较弱的阶段，在温度 12℃左右时，即使光照强度降至晴天的 50%～60%，也无影响；但在新梢和果实旺盛生长时期，当平均温度 15℃～16℃时，光照就不能低于晴天的 70%。尤其是果实成熟后期，充足的光照可提高果实的可溶性固形物和糖含量。

光照不足或过强，都会给椪柑带来不利影响。光照不足的郁闭椪柑园，使叶片变平、变薄、变大，发芽率、发枝率降低，甚至梢、叶枯死。花期和幼果期光照不足，会使树体内有机质合成减少，出现幼叶转绿迟缓，使之与幼果争夺营养，而加剧生理落果。光照不足坐果率降低，果实变小，着色差，酸高，糖低，品质下降。光照过强，夏季气温高，会发生果实日灼病。

克服光照过强、过弱的弊端，各地创造了不少行之有效的办法。光照较少的椪柑产区，可适当稀植，注意幼树的整形，使之形成有利于接收光照、有利于丰产的树冠；光照过强，容易发生果实日灼病的地区，可适当密植，注意土壤湿润，遇上旱情及时灌水等。

(三)雨量和湿度

1. 椪柑对水分和湿度的要求　椪柑不但要求丰富的热量，而且喜湿润的环境。适宜的雨量和湿度有利于椪柑的生长、发育和优质、丰产。通常，椪柑的正常生长、结果，以年降水量1 000～1 500毫米、空气相对湿度75%～80%、土壤相对含水量60%～80%为宜。我国大多数椪柑产区，基本上能满足这一要求。年降水量不足1 000毫米的地域，只要有灌溉条件，栽培椪柑也能优质、丰产。

雨量对椪柑不如气温重要，这是因为可用人工灌水满足树体的需求。但必须指出的是，在椪柑生长季节，因雨量分配不均，常造成缺水或多雨，尤其以干旱对椪柑影响大。椪柑在生长期内，每月需120～150毫米的降水量，若不足120毫米，夏季就会出现水分不足。我国生产椪柑的省(自治区)年降水量及相对湿度见表4-3。

2. 雨量、湿度对椪柑的影响　雨水过多、土壤因排水不良而积水，椪柑根系吸收功能减弱，甚至出现烂根，引起叶片和花果脱落，严重时会使植株死亡。椪柑花期至第二次生理落果结束前，如遇阴雨连绵，会影响授粉，降低坐果率。椪柑水分不足，导致弊端甚多，如花期和幼果期加剧落花落果；果实膨大期影响果实膨大；春季干旱使春梢抽发困难且细短；秋冬干旱虽花芽分化量增加，但翌年所开花中坐果率低的无叶花比例增加。

与水分紧密相关的空气相对湿度对椪柑也产生影响，过高、过低均对生产不利。花期和幼果期空气相对湿度过大(85%以上)或过小(60%以下)都会影响坐果率。果实膨大期空气相对湿度过低,会使果实膨大受阻而造成减产,且果实品质变劣,果皮粗糙,囊壁厚,果汁少;空气相对湿度过大,会增加病虫害的发生机率,影响椪柑的产量和品质。

表 4-3　我国生产椪柑省、自治区的年降水量及空气相对湿度

省、自治区	年降水量　(毫米)	空气相对湿度(%)
福建(福州市)	1032～2099.6(1328.2)	80～82(77)
广东(广州市)	1200～2000(1680.5)	75～80(78)
浙江(杭州市)	1160～1720(1400.7)	76～83(82)
广西(南宁市)	1000～2700(1288.4)	80～85(79)
湖南(长沙市)	1200～1700(1422.4)	78～82(80)
云南(石屏县)	600～2300(850～950)	70～80(75)
贵州(从江县)	900～1500(1191.8)	75～83(80)
江西(南昌市)	1200～1600(1595)	78～81(78)
湖北(武汉市)	1100～1400(1260.1)	78～82(79)
江苏(吴江市)	1000～1100(1015.8)	75～82(81)

(四)风

风也是气候因素之一,对椪柑的作用,既有利又有弊。

1. *有利影响*　微风对椪柑的生长发育最为有利。微风可使椪柑果树群体内部的空气不断更新,使植株周围空气中二氧化碳的浓度得到改善,保持较高的光合作用水平;在强日照的情况下,微风可促进空气交换,增强椪柑叶片的蒸腾作用,降低叶温及近地层气温;在冬季,当地面强烈辐射冷却时,风可以将近地面层的冷空气吹走,使椪柑免受辐射霜冻危害。此外,风还可改变椪柑果园的温度、湿度状况,调节小气候,减少病虫害。

2. *不利影响*　风对椪柑的影响程度因风速不同而异。对椪柑造成严重危害的是风速每秒10米以上的大风(相当于6级风)。我国广东、广西、福建和浙江等省、自治区沿海地区的椪柑,常受7～9月份的台风灾害。台风不仅打落、打碎叶片、果实,折断枝梢导致减产,甚至将树连根拔起,树死园毁。

冬季的强寒风对椪柑也极为不利,较常出现的危害是落叶,使树势变弱,翌年春发芽不良,无叶花、畸形花增多,使产量锐减。强风可减弱椪柑的光合作用,同时也给枝梢、叶片、果实造成伤口,愈合伤口时要消耗碳水化合物和营养物质,造成树体营养不良。大风还可使土壤干旱加重,使黏性土板结、龟裂,影响树体根系生长,造成断根;沙地果园,大风可吹走富有营养的表土。

预防和减轻风害的方法很多,主要有营造防风林,建园避开风口、风道,适当密植,矮干整形,大风来临前采用吊枝、捆枝、设立支柱等措施,以加固树体和枝干。风后及时处理折断的枝、干,加强肥水管理和病虫害防治,以利于迅速恢复树势。

(五)二氧化碳

1. 椪柑果园二氧化碳分布的特点　二氧化碳是果树进行光合作用,制造有机物质的原料。

晴朗无风的天气,大气中二氧化碳的浓度昼夜变化明显,白天植株群体附近的二氧化碳浓度降低,夜间增高。近地面空气层通常二氧化碳的浓度为0.03%,夜间椪柑植株群附近可达0.04%左右,日出后下降,中午前后可降到0.002 5%以下。椪柑园中二氧化碳浓度还有垂直分布的特点:白天由树冠表面向上增加,二氧化碳自上层空气流向椪柑植株群体;夜间相反,由树冠向上减少,二氧化碳自椪柑植株群体流向上方气层,这是椪柑白天进行光合作用,夜间进行呼吸作用所致。

2. 二氧化碳浓度与光合作用　大气中二氧化碳浓度通常为0.03%～0.032%,远不能满足椪柑的光合作用需要。椪柑对二氧化碳的利用也存在着补偿点,代表了二氧化碳总固定量等于总放出量的二氧化碳浓度。二氧化碳的补偿点随温度变化而变化,如椪柑叶片温度升高，二氧化碳的补偿点随之增大。

椪柑的光合作用强度随二氧化碳浓度增加而增加，增加二氧化碳浓度，可提高椪柑的光合效率，从而提高椪柑产量。这种以增加二氧化碳浓度来提高椪柑产量的方法，也称二氧化碳施肥，但目前仅能在温室和塑料大棚内种植的椪柑中应用。

此外，改善果园通风透光条件，使二氧化碳自由交换，也可提高植株对二氧化碳浓度的利用率而增加椪柑产量。

(六)土　壤

椪柑对土壤的适应范围较广，在海涂、沙滩、潮土、紫色土、红壤、黄壤和棕壤上均可种植。日本学者认为，凡是排水和通气性良好的土壤，不论其地质系统和成土母岩种类如何，都可以栽培好椪柑。只要气温条件适宜，土质可以人为地加以改善。一般来说，椪柑的适栽土壤有以下特点：土层深厚、富含有机质，土质从沙壤到黏壤均可，土体疏松，排水良好，土体没有障碍层，土壤 pH 值 4.5～8.5，最适 pH 值 5.5～6.5，地下水位在 1 米以下，保水保肥。

椪柑园多处于丘陵山区，土壤性质在很大程度上继承了母质的特性，特别是红黄壤地区柑橘园，土壤有机质含量低，氮、磷、钾大量元素缺乏，在椪柑园的管理上应加以重视，并针对其原因采取适当的措施。

现将我国椪柑适栽土壤类型简介如下。

1. 红黄壤　红黄壤是我国热带和亚热带丘陵和山区广泛分布的土壤，其形成、发育上的特点：一是土壤无机盐经受了强烈的风化和淋溶作用，在其原生矿物中，除石英外，多遭受到较彻底的破坏，使原来的铝硅酸盐类和硅酸盐类矿物中的钙、镁、钠、钾等盐基成分，从风化液中淋溶损失，使土壤呈酸性而缺乏盐基养料，pH 值 4.5～6.5 范围内，硼、钼等元素也常显缺乏。二是土壤无机盐中的硅酸也有较多的淋失，而铁、铝、锰等的含量相对较高，土壤的保肥性弱。三是土壤在强风化作用下，可形成大量的黏细土粒，故其质地常较黏化。红黄壤富铝化作用的结果，造成土壤的黏、酸、瘦和板结。在椪柑的发展中，不仅要选择合适的品种，对土壤性状也必须进行改良，如深翻，压埋农家肥，植后分年扩穴，不断扩大椪柑地下部容积。酸性强的应施用石灰，逐年降低土壤的酸性。

2. 紫色土　紫色土是我国的一种特殊的土壤类型，主要分布在江西、浙江、福建、江苏、湖南、湖北、两广及西南各省、自治区、直辖市的紫色岩层地区，其中尤以四川、重庆、贵州北部和西藏的昌都地区面积最大，pH 值 5.5～8.5 之间。由于紫色土系由紫色岩层特殊母质风化发育而成，母质的许多特性常常给土壤造成影响，并决定着土壤的肥力水平。由紫色页岩形成的土壤较黏重，碳酸钙含量高，偏碱，种植椪柑易发生铁、锰、锌缺乏症；由紫色砂岩发育而成的土壤，土壤质地较轻，碳酸钙被淋洗，土壤呈中性或微酸性，有利于椪柑的生长。紫色土是我国比较肥沃的土壤之一，富含磷、钾，但在地理分布上多处在有一定坡度的丘陵地形上，岩层易风化，土壤易冲刷，土层浅薄，水土流失比较严重，椪柑种植必须重视水土保持。

3. 河流冲积土　我国不少椪柑园建立在河流冲积阶地和三角洲上，河流冲积土多数为砂壤土，土质疏松，通透性好，养分含量较为丰富，适宜于椪柑丰产栽培。海涂、滩地和旧河床沙地也能栽培椪柑，但海涂、滩地含盐较多，在椪柑栽植前应注意洗盐和改良土壤，栽植后在肥水管理上应加以调节，因为海涂、滩地和旧河床地土地较为瘠薄，肥力较低，在施肥上采用勤施薄施的办法，以满足椪柑生长发育的需要。

4. 水稻土　水稻土是在种植水稻的影响下形成的特殊土壤类型。水稻种植过程对土壤突出的影响表现在土体内水文特征发生了急剧的改变，具有明显的人为耕作的影响，能在较大程度上防止土壤侵蚀。水稻土质地较为黏重，其典型的剖面特征有 4 层：即耕作层、犁底层、沉积层、潜育层。潜育层使椪柑根系生长困难，水稻土改建椪柑园后，必须深沟高畦或起墩栽培。水热状况稳定、保水肥力强和具有一定的矮化作用是水稻土椪柑园的优点，适当密植，加强肥水管理可早结、丰产。

(七)热、水、光的有关因素

热、水、光的有关因素有海拔高度、地形、坡度和坡向等，这些因素是影响椪柑生长、发育的热、水、光条件。

1. 海拔高度　海拔高度直接影响气温。气温随海拔上升而降低。一般海拔每上升 100 米，年平均气温则下降 0.5℃～0.6℃。海拔高度也影响雨量。海拔升高，雨量增加，一般海拔每上升 100 米，则年降水量增加 30～50 毫米。海拔高度与日照的关系是：海拔越高，光照越强，紫外线相应增加。云贵高原的高山深谷，出现“十里不同天”的立体气候。一个县内，甚至一个乡一个村内，从山脚到山顶气候截然不同。就气温而言，相当于从我国南端的海南岛到北疆的黑龙江；雨量之差相当于从我国甘肃、内蒙古到东南沿海，足见同一纬度因海拔不同，气候差异极大。通常海拔每上升 100 米所降低的温度，与纬度向北推移 1°相近似，因此，可利用山地种植各种果树。如云贵高原南部，在海拔 800 米以下地带，气温高，雨量也较充沛，可种植香蕉、菠萝、杧果、椰子、荔枝、龙眼和番木瓜等热带、亚热带果树；海拔 800～1 200 米地带可种植甜橙、椪柑等；海拔 1 300～3 000 米可种植落叶果树苹果、梨、桃、李和核桃等；3 000 米以上的高山多为野生或半野生的落叶果树。

山地种植椪柑，还应注意“逆温层”的利用。所谓“逆温层”，即气温随高度升高而增加的现象。气象上称这种现象为“逆温”，所涉及的地段(层次)称“逆温层”。冬季晴朗无风或微风的夜间往往有“逆温”存在，而椪柑冻害的低温也往往发生在晴朗无风的夜间或清晨。故热量条件稍差的山地种植椪柑可利用“逆温层”作避冻栽培。据研究，我国亚热带东部山区“逆温层”一般出现在相对高度 50～350 米地带，逆温中心在 175 米上下处。

海拔对椪柑产量和品质影响显著。如福建省永春县天马柑橘试验场，在不同海拔高度种植的 12 年生椪柑，其生长、结果和果实品质有明显差异，见表 4-4。

表 4-4　福建省永春县天马试验场不同海拔高度对 12 年生椪柑生长、结果和品质的影响

海拔高度（米）	树高（米）	树冠（米×米）	干周（厘米）	每 667 平方米平均产量(千克)	可溶性固形物（%）	糖含量（克/100 毫升）	酸含量（克/100 毫升）	维生素 C（毫克/100 毫升）
420～450				3324	13～13.5	9.88	0.61	26.2
500～600	5.15	3.1×2.6	55	2165	12～13	9.84	0.83	33.88
600～750				1960	11.5～12	9.11	0.92	36.5
750～925	4.6	2.9×2.6	60	878	10.5～11.5			

注:6 年平均每 667 平方米产量

2. *地形*　地形对椪柑果树的影响可从整体和局部两个方面来讨论。从整体而言,我国的地形西北高,东南低,西北高山,东南濒海,中间山丘和平原。如四川盆地虽纬度较高,但四周高山环绕,阻止冷空气入侵,成了椪柑栽培的生态最适宜区。南岭以南的广东、广西省,因冬季冷空气入侵受阻而成了南亚热带气候。河南省纬度高,不宜种柑橘,但位于伏牛山以南的南阳市和淅川县却可利用当地的小气候种植椪柑和温州蜜柑等宽皮柑橘。此外,江河、湖泊和水库,因其大水体的增温而使不能种柑橘之地成功地栽培了柑橘。如长江入海口的上海市长兴岛、安徽省歙县新安江河谷(水库)和江苏省太湖周围的吴江市东山、西山地区都是生产柑橘之地。从局部来说,地形可分平地、浅丘、深丘、山地和河滩、海滩地等。浅丘与平地相似,温、光、水变幅小,适种椪柑。深丘介于浅丘与山地之间,温、光、水条件因坡度大小而异。山地有低山、中山、高山之分,低山可种植椪柑;沙滩、河滩沙多,有机质少;滩涂

(滩)盐分重,需经土壤改良方可种植椪柑。

3. 坡地方位(坡度、坡向)　不同的坡地方位,由于接受太阳辐射多小、日照长短和受风大小之差异,气候状况也不同。坡地方位,一般纬度越高,影响越明显,冬季较夏季明显。同时还与土壤、植被和天气条件等有关,一般土壤愈干燥、植被愈稀少、天气愈晴朗、无风,离地面不同坡地方位之间的温度差异愈大。

坡地方位(即坡度、坡向)对椪柑种植有影响。丘陵、山地的坡度,最好不超过 20°,以利水土保持和生态环境的改善。据湖南邵东水土保持试验站测定,坡度 20°的沙壤耕地,年土壤流失量为 6 815 吨/平方千米;坡度 25°时,土壤流失量增加到 7 724 吨/平方千米,雨水丰盛年可高达 10 427 吨/平方千米。坡向,以南坡、东南坡和西南坡为适,其次是东坡和西坡。南坡接受的太阳辐射强,下层土壤积存的热量多,夜间冷却较慢,故最低气温自北坡向南坡逐渐增高,南坡的最低气温比北坡高 1℃左右。地面温度南坡比北坡高 2℃以上,且在一定的坡度范围内,坡度越大,此种增温效应越明显。在不同的山坡建立椪柑园,由于坡地小气候的原因,对椪柑的生长、结果都有影响。如地处北亚热带的浙江衢州市航埠乡新刘山村有一建在孤立小山丘的椪柑园,相对高度仅 25 米,坡度 5°～10°,由于受温度和风(当地盛行东北风)的影响,南坡的椪柑少见 2～3 级冻害,而北坡却出现 4～5 级冻害。

二、椪柑区划

椪柑原产于我国,在市场上有竞争力,是目前大力发展的品种。为使椪柑发展中减少盲目性,增加科学性,做到良种、适地、适种,现简要介绍椪柑的区划。

椪柑区划依考虑的要素不同,可分为避冻区划、气候区划、生态区划和生产区划。避冻区划主要考虑椪柑的越冬气温;气候区划除考虑椪柑的越冬条件外,还需考虑椪柑在整个生育期对光、热、水等因素的要求；生态区划除考虑光、热、水等因素外，还需考虑土壤以及与光、热、水因素有关的地形、地貌和地势等；生产区划除以生态区划为依据外，还需考虑社会条件和经济条件，诸如经济基础、劳力状况、技术力量、交通运输、生产现状和习惯等。

椪柑区划按范围大小，可分为全国椪柑区划、省级椪柑区划和县(市)级椪柑区划。

现着重介绍椪柑的生态区划和生产区划。

(一)生态区划

椪柑的生态区划又叫生态适性区划。以气温为主要指标，将椪柑的生态区划分为生态最适宜区、适宜区、次适宜区和不适宜区(可能种植区)。

1. 不同生态区的标准

(1)最适宜区　无冻害。生长发育快，开花结果好，优质、丰产、稳产。果实浓甜芳香、汁多，能充分表现品种固有的优质、丰产特性。

(2)适宜区　基本无冻害，或10年或10年以上有1次1～2级冻害。对当年树体生长和产量稍有影响，但正常年份生长发育和丰产性与最适区类似，果实色泽好，品质上等，酸含量稍高，耐贮运。

(3)次适宜区　有冻害发生，5～10年有1次1～2级甚至3～4级冻害，使2～3年生枝、老枝和少数主干受冻，甚至个别植株死亡。但冻后1～2年能恢复。正常年份的生长发育、开花结果和产量等与适宜区基本相似。果实色泽好，酸含量较高，糖含量较低，糖酸比低，果实品质不及适宜区。

(4)不适宜区(可能种植区)　连年或2～3年发生1次3～4级甚至4～5级的冻害。严重影响椪柑的生长发育和开花结果，冻后树体恢复正常，但结果少，产量锐减。果实酸含量高，糖含量低，皮厚果小，品质差，不宜作经济栽培。

2. 生态区划的主要指标　椪柑生态区划主要指标的提出，是以椪柑对环境条件(主要以气温)的要求为依据。鉴于椪柑的耐寒性与温州蜜柑相似或稍差,耐热性较温州蜜柑强,与甜橙类似,故区划时参考以温州蜜柑为代表的宽皮柑橘生态区划指标和甜橙的生态区划指标。椪柑生态区划气温指标见表 4-5。

表 4-5　椪柑生态区划的气温指标　(单位:℃)

生态区域	年平均气温	≥10℃的年积温	极端低温及其频率	1月份平均气温	极端低温历年平均值
最适宜区	18～22	5500～8000	>−3	7～14	>−1
适宜区	16～18	5000～5500	>−5	5～7	−3～−1
次适宜区	15～16	4500～5000	>−7 <−5℃的频率低于 20%	4～5	−5～−4
不适宜区(可能种植区)	<15	<4500	>−9 <−7℃的频率低于 20%	<3	<−5

3. 生态区划　表 4-5 所列的 4 个椪柑生态区域中每个生态区域在不同地域存在一定的差异。故除将表 4-5 中所列最适宜区、适宜区、次适宜区和不适宜区(可能种植区)作为一级区,分别用罗马字Ⅰ,Ⅱ,Ⅲ,Ⅳ表示。另外,在一级区划的基础上再作二级区划,分别用 I_1,I_2,I_3……;II_1,II_2,II_3……;III_1,III_2,III_3……表示。

(1)椪柑生态区:

Ⅰ. 最适宜区。

$\mathrm{I}_{1.}$ 华南丘陵、平原南亚热带椪柑最适宜区。

$\mathrm{I}_{2.}$ 长江上游四川盆地丘陵中亚热带椪柑最适宜区。

$\mathrm{I}_{3.}$ 江南丘陵中亚热带椪柑最适宜区。

$\mathrm{I}_{4.}$ 云贵高原干热河谷中、南亚热带椪柑最适宜区。

Ⅱ. 适宜区。

$Ⅱ_1$. 江南丘陵北亚热带椪柑适宜区。

$Ⅱ_2$. 四川盆地浅山北亚热带椪柑适宜区。

$Ⅱ_3$. 云贵高原干热河谷低中山中亚热带椪柑适宜区。

Ⅲ. 次适宜区。

$Ⅲ_1$. 北缘地带亚热带椪柑次适宜区。

$Ⅲ_2$. 云贵高原中高山北亚热带椪柑次适宜区。

Ⅳ. 不适宜区。

(2)分区评述：

Ⅰ. 最适宜区。

$Ⅰ_1$. 华南丘陵、平原南亚热带椪柑最适宜区。本区包括福建省宁德市以南沿海各县(市)，广东省连州市、连南县、平远县和梅县以南沿海各县(市)，广西壮族自治区的恭城、融水、天峨等地以南各县(市)和台湾省的大部分区域。本区热量丰富，年平均温度18℃～23℃，≥10℃的年有效积温6 500℃～8 000℃，1月份平均温度8℃～14℃，极端低温0℃以上，年降水量1 400～2 000毫米，空气相对湿度78%～82%，年日照1 800～2 000小时。土壤为红壤和砖红壤，水田习惯于用水稻土起垄种椪柑。为我国椪柑主产区，绝大多数的优质椪柑均产于该区。

$Ⅰ_2$. 长江上游四川盆地丘陵中亚热带椪柑最适宜区。本区包括居长江上游及其支流的四川省的数十个县(市)和云、贵两省金沙江沿岸、赤水河下游和乌江下游沿岸的少数县。年平均温度18℃～19℃，≥10℃年有效积温5 500℃～6 000℃，1月份平均温度7℃～8℃，极端低温－1℃以上，年降水量1 000～1 200毫米，年日照1 200小时左右。土壤主要是紫色土，其次是水稻土和冲积土，适宜椪柑种植，但目前种植量不大。

$Ⅰ_3$. 江南丘陵中亚热带椪柑最适宜区。本区包括浙江省东南部沿海各县，江西省赣南各县和湖南省湘南少数县(市)。年平均温度17.8℃～19℃，≥10℃的年有效积温5 400℃～6 500℃，1

月份平均温度 6℃～9℃，极端低温＞－2℃，年降水量 1 400～1 600 毫米，空气相对湿度 78%左右，年日照 1 500～2 000 小时。土壤为红壤和红黄壤，适宜椪柑种植。

I_4.云贵高原干热河谷中、南亚热带椪柑最适宜区。本区包括云南省西南部，怒江，澜沧江，南、北盘江和金沙江河谷的县(市)，贵州省罗甸、荔波、从江、三都、册亨、兴义等县和四川省的攀枝花、盐边、盐源、米易、德昌等市、县。年平均温度 18℃～23℃，≥10℃的年有效积温 6 500℃～7 500℃，1 月份平均温度7℃～12℃，极端低温历年平均 0℃以上，年降水量 1 000～2 000 毫米，5～10 月份为多雨季节，空气相对湿度 75%～80%，年日照 1 800～2 300小时。这些地区有椪柑生产，适宜发展。

Ⅱ. 适宜区。

II_1.江南丘陵北亚热带椪柑适宜区。

本区包括除I_3区以外的浙江、江西、湖南等省多数生产椪柑的县(市)。年平均温度 16℃～17.8℃，≥10℃的年有效积温 5 000℃～5 500℃，1 月份平均温度 5℃～7℃，极端低温－3℃左右，年降水量 1 400～1 600 毫米，年日照 1 400～1 900 小时。土壤为红壤，适宜种植椪柑。本区偶有冻害。

II_2.四川盆地浅山北亚热带椪柑适宜区。本区包括四川盆地西部大部分县(市)，贵州省赤水河、乌江流域部分县(市)的部分区域。年平均温度 16℃～16.5℃，1 月份平均温度 5℃左右，极端低温＞－5℃。土壤多为紫色土，适宜椪柑种植。

II_3.云贵高原干热河谷低中山中亚热带椪柑适宜区。包括I_4区县(市)海拔在 1 300～1 700 米的地域。年平均温度 16℃～17℃，≥10℃的年有效积温 5 200℃～6 000℃，1 月份平均温度5℃～7℃，极端低温－5℃～－4℃，雨量较少，干湿季分明，日照充足。可种植椪柑。

椪柑应在生态最适宜区和适宜区种植，在次适宜区种植应选择适宜的小气候。

(二)生产区划

椪柑生产区划是以椪柑生态区划为依据,同时考虑社会经济(财力、劳力、科技、交通等)、生产现状和习惯,在椪柑生态最适宜区和适宜区进行生产区划。椪柑生产区划可为制定椪柑生产规划提供依据。

1. 分区　椪柑生产区划,分一级区、二级区(亚区)两级。一级区用罗马字Ⅰ,Ⅱ,Ⅲ,Ⅳ……表示。二级区用罗马字$Ⅰ_1$,$Ⅰ_2$……;$Ⅱ_1$,$Ⅱ_2$……等表示。我国椪柑生产区划分为5个一级区和4个二级区(亚区)。

Ⅰ. 华南丘陵平原椪柑主产区。

$Ⅰ_1$. 沿海丘陵平原椪柑主产亚区。

$Ⅰ_2$. 中、北部丘陵椪柑主产亚区。

Ⅱ. 南岭和闽浙沿海丘陵、低山椪柑主产区。

Ⅲ. 江南丘陵椪柑主产区。

Ⅳ. 四川盆地椪柑主产区。

$Ⅳ_1$. 长江上游及其支流丘陵、低山椪柑主产亚区。

$Ⅳ_2$. 盆地边缘丘陵、低山椪柑主产亚区。

Ⅴ. 云贵高原干热河谷和低山椪柑主产区。

上列5个椪柑主产区和4个主产亚区,均在椪柑生态最适宜区和生态适宜区范围。

2. 主产椪柑的县、市、区　福建的永春县、长泰县、南靖县、华安县、漳浦县、新罗区等。

浙江的柯城区、衢江区、江山市、开化县、龙游县、龙泉市、莲都区、缙云县、青田县、云和县、遂昌县等。

湖南的吉首市、泸溪县、凤凰县、花垣县、永顺县、龙山县等。

广西的南宁、武鸣、邕宁、横县、上林、龙州、宁明、浦北、灵山、合浦、玉林、贵港、平南、北流、陆川、桂林、临桂、兴安、灵川、资源、全州、灌阳、永福、阳朔、平乐、岑溪、藤县、柳州、富川、融安、融水、象州、来宾和南丹等市、县。

广东的潮安县、饶平县、澄海县、普宁市、惠阳区、博罗县、惠东县等。

江西的上犹县、兴国县、全南县、高安市、樟树市、奉新县、靖安县等。

四川的青神县、岳池县、资中县、沿滩区、荣县、富顺县、南溪县、开江县、大竹县、仁寿县、三台县、蓬安县等。

湖北的当阳市、枝江市、宜都市、兴山县、夷陵区、丹江口市、巴东县、来凤县等。

云南的石屏县、建水县、弥勒县、宾川县、华宁县、新平县和昭阳区等。

贵州的榕江县、从江县、丹寨县、罗甸县、三都县、兴义市、晴降县、望谟县、纳雍县和金沙县等。

第五章　椪柑苗木繁殖技术

一、椪柑砧木的选择

目前，我国椪柑生产均用嫁接苗。嫁接苗由砧木和接穗组成。现在常用的砧木有以下几种。

（一）枳

又称枳壳或枸橘。原产于我国长江流域的湖北、安徽、江苏、浙江和福建等省，河北、河南和山东等省也有分布。枳属灌木状小乔木，多长刺，三出掌状复叶，冬季落叶；花大、腋生，果面有茸毛，汁胞味苦，种子多。枳极耐寒，可耐－20℃低温。枳按叶型大小可分为大叶和小叶 2 种类型；按叶形和花的大小可分为大叶大花、小叶小花、大叶小花和小叶大花 4 类，且以小叶大花生产性能为佳。枳作椪柑砧木，可削弱椪柑树冠过强的顶端生长优势及过旺的营养生长，使树冠较矮化、开张。枳砧椪柑具结果早，丰产，果皮薄，品质优，耐贮运，耐寒、耐旱、耐瘠薄，抗脚腐病、流胶病、线虫病，但不耐盐碱，不抗裂皮病等特点。

枳极易与其他柑橘类杂交，天然杂种有枳和橙杂交的枳橙、枳和柚杂交的枳柚、枳和金柑杂交的枳金柑、枳和橘橙杂交的枳橘橙等。枳橙也可作椪柑的砧木。

（二）枳　橙

系枳和橙类的属间杂种。半落叶或常绿小乔木，叶片以 3 小叶组成的复叶为主，也有单身复叶和 2 小叶组成的复叶。果实扁圆形或圆球形，中等大，单果重 90 克左右，果皮橙黄色，较粗糙；果肉淡黄色或浅橙色，味酸，微有苦麻味，不堪食用。枳橙根系发达，主根粗，生长快，树势健壮；抗病力强，耐旱，耐寒力强，仅次于枳，是椪柑栽培采用的砧木之一。我国有南京枳橙、黄岩枳橙、湖南永顺枳橙、有毛枳橙，以及从国外引进的卡里佐枳橙、特洛亚枳橙和鲁斯克枳橙等。

(三)酸　橘

主产于两广地区。在广东省用酸橘作柑橘的砧木历史悠久，有“千秋万代酸橘好”之说。酸橘作椪柑砧木，树势中等，根系发达，须根多，吸肥力强，耐涝，较抗脚腐病，对土壤适应性较广，结果早，丰产稳产，品质好。酸橘是广东、广西和福建等省(自治区)椪柑的重要砧木，以酸橘为砧的椪柑优质、丰产，惟苗期生长较慢。四川省用酸橘作椪柑的砧木，生长势弱，表现不适。

(四)红　橘

四川、福建等省用红橘(福橘)作椪柑的砧木。根系发达，细根多，分布浅而集中，树冠直立性较强，树势中等，结果较枳砧椪柑晚2～3年，但后期丰产、稳产。抗裂皮病。红橘砧椪柑寿命较枳砧椪柑长。

(五)红 檬 檬

灌木状小乔木，枝细有刺，嫩叶、嫩枝和花均为紫红色，叶片中等大，椭圆形，翼叶不明显。花中等大，有花序，四季开花。果实圆形，果皮薄，单果种子8～10粒。红檬檬主产于广东省。广东和广西地区有的用其作椪柑砧木，表现主根入土较深，根系发达，吸肥力强，苗期生长快，枝粗而长，结果早，丰产，适于密植，但易早衰，寿命短，不耐旱，易感染溃疡病。

(六)椪　柑

福建等地用椪柑作椪柑的砧木，与枳砧椪柑相比，树性直立，生长势较旺，树型高大，结果较枳砧晚2～3年，后期丰产，果实品质上等，抗旱、耐湿。

二、椪柑苗木培育

椪柑要获得优质、高产、高效，除选择适宜种植的优良品种（品系）外，培育出健壮、无病苗木供生产使用也十分重要。无病、健壮、优质的苗木，是椪柑早结果、丰产、稳产的基础。

（一）育苗地选择

1. 育苗地的区划　随着柑橘生产良种化、区域化、专业化程度的不断提高，椪柑育苗也应走专业化的路子，以利于克服育苗中存在的"假、杂、乱、多"问题。应根据椪柑生产发展的需要，统一规划椪柑苗木的繁殖，实行专业化育苗。专业育苗地要有母本区、繁殖区、轮作区等区域。母本区包括砧木良种母本区和接穗良种母本区。繁殖区包括砧木播种区和苗木嫁接区。轮作区是为苗木健康生长，避免连作造成病虫害严重危害而设置的，必须易地域，换种植作物，故应有与繁殖区相应大小的轮作区。此外，还应有工具房、贮藏室、消毒场和包装场等附属设施。保护地育苗还应有玻璃温室或塑料大棚等设施。

2. 育苗地选择　椪柑育苗有露地育苗和保护地育苗。育苗地，特别是露地的育苗地，必须具备以下条件：一是交通方便；二是土壤宜通透性好、呈微酸性、有机质丰富的沙质壤土；三是地势平坦、宽敞，需在坡地育苗的，坡度应小于5°，或建成等高水平梯地，坡向宜背风向阳；四是水源充足，能灌能排，平地育苗地地下水位应在1.5米以下；五是柑橘园地或柑橘苗圃地必须经过轮作。

（二）砧木苗培育

1. 砧木种子的采集、处理和贮藏　砧木应选生长健壮，根系发达，适宜当地生态条件，抗逆性强，与接穗品种亲和性好，嫁接后苗木健壮无病，早结丰产，且种子多的砧木品种。

果实成熟即可采果取种，如枳可在9月份采果。枳也可采嫩种播种，通常是花后 110～120 天，采嫩果取种淘净后即播，据试验，出苗率可达 94%以上。成熟果的取种方法是环绕果实横径切开果皮，然后扭开果实，将种子挤到筛内，再用水洗去附着在种子上的果肉、果胶后，摊放于阴凉通风处，并注意翻动，使水分蒸发，待种皮发白时，收集贮藏或装运。

为消灭柑橘疫菌或寄生疫菌，种子播种前可放入 50℃左右的水中浸泡 10 分钟。也可用杀菌剂，如 1%的福美双处理，以预防和减少白化苗。还可用 0.1%的高锰酸钾溶液浸泡 10 分钟后用清水洗净。经处理的枳种，尤其是嫩枳种，发芽加快。

砧木种子忌干也忌湿，待种皮表面水分蒸发即可贮藏；种子太湿，易引起霉变腐烂，贮藏期间种子含水量以 20%为宜，枳种可稍高，以 25%为宜。种子数量多时，一般采用沙藏，即将 4 倍于种子体积的干净、含水量 5%～10%的河沙和种子混匀，放在室内可以排水的地面上堆藏，堆高以 35～45 厘米为宜，其上盖 5 厘米厚的河沙，再盖上薄膜保湿。为防鼠害，在贮藏堆周围压紧薄膜。7～10 天翻动 1 次，并检查种子含水量。若发现水分不足，应筛出种子，在河沙上喷水后混匀，再继续贮藏种子。砧木种子远距离运输，须防途中种子发热，一般用通透性好的麻袋包装，如种子湿度较大可用木炭粉与种子混匀后装运，以防途中种子霉烂。到达目的地即取出堆贮或播种。

2. 种子的生活力测定　砧木种子播种前应进行生活力的测定，以确定播种量。最简单的方法是取一定数量的种子，剥去外种皮和内种皮，或切去种子一端的种皮，用 0.1%的高锰酸钾溶液消毒后，用清水冲洗 2～3 次，再将种子置于铺有双层湿润滤纸的容器中，在 25℃～30℃的条件下，几天内即可查出种子发芽的结果。有条件的还可用靛蓝胭脂红染色法，即将种子用清水浸泡 24 小时，剥去种皮后浸于 0.1%～0.2%的靛蓝胭脂红溶液中，在室温(常温)条件下，3 小时后检查结果：凡是完全着色或胚部着色的种子，为已失去生活力，不会发芽的种子。

3. 播 种

(1)播种量 用于椪柑的不同砧木品种,每 100 千克果实含种量和每 667 平方米的播种量不同,详见表 5-1。

表 5-1 椪柑主要砧木每 100 千克果实含种量和播种量

砧木品种	每 100 千克果实含种子量(千克)	每千克种子含种子数(粒)	每 667 平方米播种量(千克)	
			撒 播	条 播
枳	4.2～4.7	5200～7000	100～125	70～90
红 橘	1.3～2.4	9000～10000	60～70	50～60
酸 橘	3.0～3.3	7000～8000	75～90	60～75
红檬檬	0.7～1.2	11000	60～75	30～40
枳 橙	3.5～4.0	4000～5000	110～130	80～100
椪 柑	1.2～2.1	7000～7500	75～95	60～80

(2)播种时间 我国椪柑产区,从砧木果实采收到翌年 3 月份均可播种。秋冬播在 11 月份至翌年 1 月份,春播在 2～3 月份。由于秋冬播的砧木种子出苗早而整齐,且生长期长,故秋冬是主要播种时期。因不同的椪柑产区气温有差异,须根据温度灵活掌握。砧木种子在土温 14℃～16℃时开始发芽,20℃～24℃为生长的最适宜温度。

近年来,椪柑产区推出枳嫩种播种,时间可提前到 7～8 月份,枳的种子在谢花后 110 天左右即具有发芽力,以 7 月底至 8 月初枳嫩种发芽率最高。枳嫩种播种后,9～10 月份苗能长到 10 厘米左右,可加快繁殖,提前嫁接。

(3)播种方法 露地或大棚播种,先要整好苗床,施腐熟的农家肥,覆薄土。播种可撒播,也可条播,播前最好选种,选大粒饱满的种子用 0.1%高锰酸钾液消毒处理,再用清水洗净。播时可用草木灰拌种或直接播于苗床(沟),覆盖细砂壤土,厚度以 1.5 厘米为宜。细砂壤土可用过筛的果园表土或细石谷子土,也可将厩肥晒干打碎后与表土混匀覆盖。播种覆土后，浇透水，为保持土壤湿度和防止大雨冲淋、增加土温，加速种子发芽，再在其上覆盖稻草、麦秸、松针等。气温较低的地区，露地播种可采用薄膜覆盖，当地温低于 20℃时，宜将薄膜支撑成拱形，以提高播种床温度，促进提早发芽和生长。薄膜支撑高度以不妨碍砧苗即可，一般以 30 厘米左右为宜。

(4)播后管理　为了保持土壤的湿度和温度，使种子正常发芽，出苗整齐，应根据苗床土壤的干燥程度和气温的高低及时浇水。随着砧苗出土，逐渐揭去覆盖物，到 2/3 的种子出苗时，可揭去全部覆盖物。从苗出齐至移栽前，视情况进行除草、中耕和施肥。中耕宜浅，以不使土壤板结为度；施肥宜勤施薄施，先稀后稍浓，切忌烧伤叶片。注意苗期病虫害的防治。

(5)移栽及移栽后的管理　为使砧苗正常生长和有良好的根系，当砧苗长出 2～3 片真叶、苗高 8～10 厘米时，进行砧苗移栽。如遇干旱，移苗前 1～2 天宜灌(浇)水。移苗时剪除过长的砧苗主根，以长 16～18 厘米为度。为便于管理，砧苗应分级移栽。移栽的方式，一般以宽、窄行为宜。宽行为 75 厘米，窄行为 25 厘米，砧苗株距为 10～15 厘米。栽砧苗时要求主根直，侧根舒展，栽植深度最好与苗床的深度一致。

砧苗移栽的最好时期是根系生长期，此期受伤的根系能很快恢复，又因此时气温稳定、雨水充足，砧苗移后可很快地恢复生长。通常认为，夏季气温高，日照强，砧苗移栽不易成活，但近年有诸多实践证明，只要科学移栽，管理适当，利用夏季气温高、雨水多，砧苗发春、夏梢后正值根系生长高峰的优势时机，促进砧苗发根和加速生长。夏季移栽可提早 1 年出圃。关键的技术要领是，认真起(挖)苗，少伤根系，并立即打(蘸)上泥浆，栽后施足定根水，并及时灌水，保持土壤湿润。

砧苗移栽后应加强管理。经常浇水，保持土壤湿润，尤其是旱季更应勤浇水。及时施肥，2 月份发芽前至 8 月份，每 15 天施肥 1

次，肥料以腐熟的人、畜粪水为主，适量加入硫酸铵或尿素。弱小砧苗更应勤施肥水。为使嫁接部位光滑，便于嫁接，要经常抹（剪）除主干上离地面15～20厘米内的刺和枝。为加粗砧苗，夏梢抽生到10厘米长时摘心。注意病虫害防治，主要是对红蜘蛛、黄蜘蛛、蚜虫和凤蝶幼虫的防治。此外，要常除草松土，保持田间土壤疏松、通透性好，无杂草。

（三）嫁接苗培育

椪柑苗木繁殖有多种方法，目前生产上主要用嫁接繁殖。

1. 嫁接苗的优点

（1）提早结果　过去常说，"桃三李四柑八年"，柑橘果树若采用实生苗，要8年时间才能结果，若采用嫁接苗，3年能始花结果，有的2年即可开花结果。

（2）利用砧木优势达到优质、高产、抗逆和管理方便　不同的砧木品种，有其各自的优势，如枳砧椪柑，结果早、丰产，抗寒、抗脚腐病、耐溃疡病，树体较矮化，便于管理。酸橘砧椪柑，耐湿、耐肥、抗风，在广东、广西等地的红壤坡地栽培结果早，丰产稳产。

（3）保持品种的优良性状　用嫁接方法繁殖的后代，一般能保持亲本品种（品系）的优良性状，使品种（品系）的优良性状代代相传。此外，嫁接繁殖快速，尤其是新选育和引入的良种，可用少量的接穗通过嫁接繁殖较多的苗，以供生产上推广的需要。

2. 嫁接成活的原理　椪柑接穗能在砧木上嫁接成活，其原理是砧、穗韧皮部和木质部之间有一层分生组织是新的细胞生长点，使砧、穗的形成层细胞紧密结合而营共生。砧穗愈合时，由形成层细胞产生新的愈合组织细胞，然后由维管束鞘、次生皮层、木质部薄壁细胞、射状细胞和木髓细胞产生大量愈合组织细胞。当这些新的愈合组织长满接口削面后，产生新的形成层、筛管（韧皮细胞）、导管（木质细胞），使砧木吸收的水分和养分供接穗发芽抽梢之需，接穗枝叶光合作用所制造的碳水化合物，经输导组织供砧木生长。

3. 影响嫁接成活的因素　影响椪柑嫁接成活的主要因素有：气候条件、嫁接技术、砧穗亲和性、砧穗质量等。气候条件中温度、水分的影响极大，尤其是温度至关重要，温度27℃左右（特别是在嫁接24小时至72小时内）可获得高的成活率。一般在20℃～30℃的气温条件下保持接口湿润，均可获得较高的成活率。气温在12℃以下或37℃以上，愈伤组织细胞停止生长，成活率低。嫁接技术高低也直接影响嫁接成活率，如削的接穗长削面平直、光滑，大部或全部是形成层细胞，砧木切口也恰至形成层，捆扎牢固，不留缝隙，嫁接成活率就高；反之，技术达不到上述要求，砧穗削面沾污，都影响嫁接成活率。此外，解除薄膜过早，腹接剪砧过早等也会影响成活率。砧穗的生长状况好，营养充足、健壮，无病虫危害，嫁接成活率高。砧穗亲和性好，嫁接易成活，反之，成活率低。

4. 嫁接前的准备

（1）接穗采集　接穗应采自品种纯正、生长健壮、无病虫害、丰产稳产的母树，且应采树冠中、上部外围1年生木质化的春梢或秋梢。采后及时剪去叶片，仅留叶柄，就地边采边接。如需从外地引接穗的，应认真做好接穗的贮运工作。

（2）接穗的贮运　随采随接的成活率高。特殊情况需要贮藏备用的，要保持接穗适宜的温、湿度。接穗保湿常用清洁的河沙（含水量5%～10%，手捏成团，轻放即散为度）和湿润清洁的石花（苔藓）等。接穗最适的贮藏温度是4℃～13℃。

外地引接穗，应做好运输工作。运输方法因接穗数量不同而异。数量少可用湿毛巾或湿石花包裹，装入留有透气孔的薄膜袋中随身携带；数量大，可用垫有薄膜的竹筐或有孔的木箱作容器，一层湿石花、一层接穗依次放入容器内，最上层盖石花和薄膜保湿装运。通常在气温不高，2～3天内到达目的地的情况下不会影响接穗质量。接穗运输时间较长，或途中气温偏高时，可先用清水洗净接穗，后浸泡于最终有效氯浓度为0.5%左右的次氯酸钠溶液（或漂白粉液）中，浸泡5～10分钟，取出用清水冲洗数次，晾干水分，放入薄膜袋中，尽可能排除袋中空气，裹紧，扎紧袋口，再在其外套一薄膜袋捆紧，为防挤压，可将捆好的接穗装入纸箱运输。途中2～3天检查1次，若发现叶柄脱落，应解袋消除叶柄；发现有霉烂的接穗应剔除。这种运输方法，一般经20天不会影响接穗的成活率。

5. *嫁接时期* 露地育苗，基本上全年可嫁接，但11月份至翌年1月份气温低的北亚热带和中亚热带椪柑产区及7月份气温过高的地区，此时嫁接会影响成活率。通常以春季2～4月份、5月底至6月份、8月下旬至9月份为主要嫁接时期。嫁接时期与嫁接方法有一定的关系，5～6月份及秋季采用腹接法，春季主要采用切接法。

容器育苗在保护地进行，温度、湿度可人为控制，一年四季均可嫁接。

6. *嫁接方法* 椪柑和其他柑橘一样，常用的嫁接方法有腹接法和切接法。腹接是指嫁接的接口部在砧木离地面的一定高度(10～15厘米)，嫁接时不剪除接口以上砧木的嫁接方法。切接是指嫁接时剪除接口部以上砧木的嫁接方法。

此外，嫁接还有芽接、枝接。凡嫁接用的接穗是带有1个或数个未萌动芽的枝条的均称枝接。芽接是指接穗为1个芽，带有一小块皮层及少量木质部，凡用这种接穗嫁接的均称芽接。因芽的形状不同，有盾芽、苞片芽、长方形芽片、侧芽等，用作切接或腹接。枝条上带1个芽、2个芽分别称"单芽"、"双芽"，用这种接穗作腹接或切接称为单芽腹接、双芽腹接或单芽切接、双芽切接。

7. *嫁接技术要点*

(1)接芽的削取

①单芽削取：单芽是指长1～1.5厘米的枝段上带有1个芽的接穗，嫁接用的单芽应为通头单芽。削取通头芽的技术要领(图5-1)是，将枝条宽而平的一面紧贴左手食指，在其反面离枝条芽眼下方1～1.2厘米处以45°角削断接穗，此断面称"短削面"；然后翻

转枝条，从芽眼上方下刀，刀刃紧贴接穗，由浅至深往下削，露出黄白色的形成层，此削面称“长削面”。长削面要求平、直、光滑，深度恰至形成层。最后在芽眼上方 0.2 厘米左右处，以 30°角削断接穗，放入有清洁水的容器中备用，但削芽在水中浸泡的时间最多不超过 4 小时，否则影响成活率。也有一边削接芽，一边嫁接的。

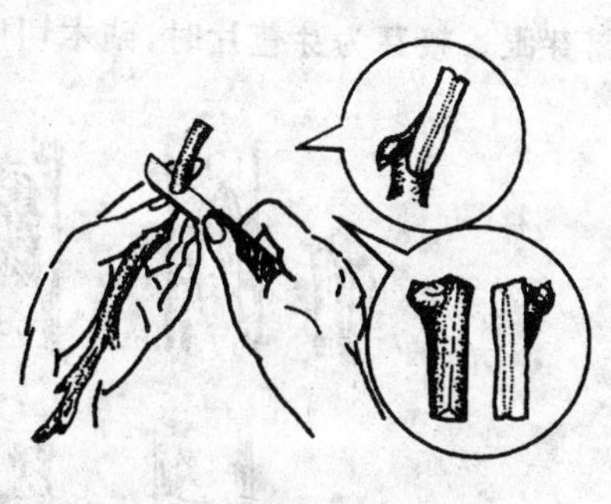

图 5-1 通头单芽削取法

②芽苞片削取：芽苞片，用粗壮春梢或秋梢作接穗，左手顺持接穗，将嫁接刀片的后 1/3 放于芽眼外侧叶柄与芽眼间或叶柄外侧，以 20°角沿叶痕向叶柄基部斜切一刀，深达木质部，再在芽眼上方 0.2 厘米左右处与枝条平行向下平削，与第一刀的切口交叉时取出芽片，芽片长 0.8～1.2 厘米，宽 0.3 厘米左右，接芽削面带有少量木质部，基部呈楔形，见图 5-2。

图 5-2 芽苞片削取法

(2)嫁接方法

①腹接法：因其嫁接时间长，一次未成活可多次补接，故在椪柑嫁接中普遍采用。以选用的不同接芽，可分为单芽腹接、芽片腹接等。砧木切口部位在离地面 10～15 厘米处，切口方位最好选东南方向的光滑部位。砧木切口时，刀紧贴砧木主干向下纵切一刀，深至形成层，长约 1.5 厘米，并将切下的切口皮层切去 1/3～1/2。砧木切口要平直、光滑而不伤木质部，然后嵌入削好的接芽，再用薄膜条捆紧即可。秋季腹接应将接穗全包扎在薄膜内；春季及 5～6 月份腹接，可作露芽缚扎，仅

露芽眼。接芽为芽苞片时，砧木切口可切成“T”字形，见图 5-3。

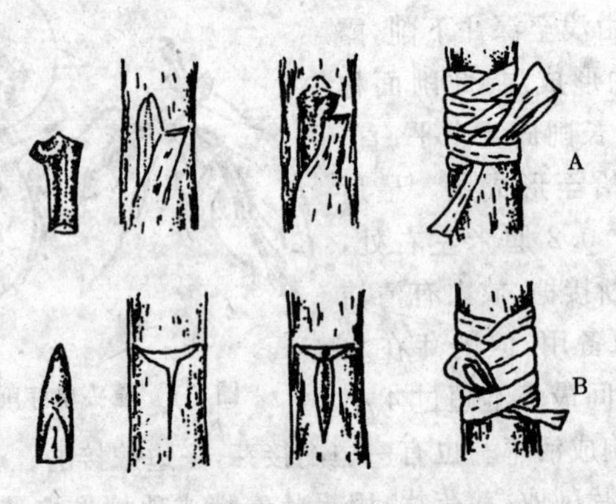

图 5-3 腹接法

A. 单芽腹接 B. “T”形露芽腹接

②切接法：切接的接穗可用单芽或芽苞片。用单芽的称单芽切接，用芽苞片的称芽苞切接。切接主要在春季使用，春季雨水多的地区，嫁接前 1～2 天在离地面 10～15 厘米处将砧木剪断，使多余的水分蒸发，避免嫁接后因水分过多而影响成活率。砧木切口的方法同腹接，以切至形成层为宜。在砧木切口的上部用刀朝一侧斜切断砧木，使断面成为光滑的斜面。切口在砧桩低的一侧，将接芽嵌入砧木切口，用薄膜带捆扎，砧木顶部用方块薄膜将接芽和砧木包在其中，形成“小室”，接芽萌发后剪破“小室”上端，见图 5-4。切接成活后发芽快而整齐，苗木生长健壮，不剪砧，一般在春季进行。

8. 嫁接苗的管理

(1)检查成活率、补接、解膜　不同的嫁接季节，检查嫁接成活和解膜的时间不同。春季嫁接的可在接后 30 天检查成活率、解膜，有时气温低，需 60 天才可解膜。5～6 月份嫁接，未作露芽缚扎的，可在接后 15～20 天解膜。秋季(9～10 月份)嫁接的，要在翌年春季(3 月份)检查成活率,未成活的可进行补接。检查接芽是否成活时,凡接芽呈绿色,叶柄一碰即落的为已成活;接芽变褐色,表明未成活。

图 5-4 切接法

(2)剪砧、除萌、扶直 腹接苗应剪砧,一般分 2 次进行。第一次剪砧在接芽成活后,于接口上方 10～15 厘米处剪除上部砧木;待第一次梢停止生长后从接口处以 30°角剪除余下的砧桩,此次剪口应光滑。砧木上抽生的萌蘖应及时除去,一般 7～10 天除萌 1 次。除萌宜用刀削除,切忌手抹。为使苗木健壮,第一次剪砧后需要扶直,扶直可用薄膜带将新梢捆于砧桩上,第二次剪砧后应立支柱扶直。

(3)摘心、整形 当椪柑嫁接苗长至 40～50 厘米时摘心、整形,时间以 7 月上旬为宜。摘心前应施足肥水,促其抽生分枝。分枝抽生后,除留 3～5 个方向分布均匀的枝外,其余的枝尽早剪除。如用于密植的椪柑苗,摘心高度还可适当降低。

(4)中耕除草、肥水管理 苗圃应经常中耕除草,疏松土壤。除草时注意不碰伤、碰断苗木。勤施肥,从春季萌芽前到 8 月底,2 个月施肥 3 次,至少每月施肥 1 次。最后一次肥应在 8 月底前施下,以免抽生晚秋梢,甚至抽冬梢,使苗木受冻。肥料以腐熟的人、畜粪水或腐熟的饼肥水为主,辅以尿素等化肥。

(5)及时防治病虫害 苗期应加强对立枯病、猝倒病、炭疽病和红蜘蛛、潜叶蛾、凤蝶、蚜虫的防治(详见本书第十三章)。

(四)营养袋苗培育

营养袋苗砧木种苗培育、苗木嫁接的方法与露地苗培育大致相同,此略。营养土的配制、营养袋类型以及营养袋移栽管理简介如下。

1. 营养土配制　营养土配制各地有异,配方多样。常用配方有以下几种。

第一种:用厩肥、锯末、河沙配制而成,厩肥与锯末按 1∶1 的体积比混合,堆制 4 个月腐熟后,再与河沙按 3∶1 或 4∶1 的体积比拌匀即成。

第二种:用熟土或腐殖质含量高的土壤,每立方米加入人、畜粪 100 千克、麦秸 17.5 千克、饼肥 1.3 千克堆沤后,再加入钙镁磷肥 1.5 千克、硫酸钾 0.25 千克、硫酸亚铁 0.125 千克,充分拌匀,每立方米营养土可装营养袋 1 000 个左右。

第三种:以熟土或腐殖质含量高的壤土(菜园土等)为基础,再在每立方米土中混入人、畜粪 150 千克、过筛腐熟垃圾 100 千克、干碎塘泥 150 千克、尿素 2 千克、钙镁磷肥 10 千克、石灰 2 千克(酸性红黄壤土)、适量谷壳或锯末等,充分拌匀,密封堆沤,中途翻堆 1 次。经 30～50 天堆沤即可装袋栽苗(或假植)。

第四种:每立方米肥土加入人粪尿 100 千克、磷肥 1～1.5 千克、腐熟垃圾(过筛)150 千克、猪牛粪 50～100 千克、谷壳 15 千克或发酵锯末(木屑)15 千克,充分混合,拌匀做堆。

第五种:每立方米肥土加谷壳 15 千克或发酵锯木屑 15 千克、菜枯(饼)5 千克、氮磷钾三元复合肥(柑橘专用肥)1～3 千克、石灰 1 千克,充分混合,拌匀做堆。堆外均用稀泥糊封,堆沤 30～45 天,即可装袋。

配制的营养袋苗营养土,优于露地育苗的土壤,但不如容器苗的培养土,且消毒杀灭病菌的措施也不甚严格。

2. 营养袋　营养袋都是用塑料薄膜制成,也有的用牛皮纸制成(笔者 20 世纪 70 年代末在墨西哥柑橘苗圃所见),大小、高矮不一，但一般均较容器苗的容器矮，总的体积也小。

营养袋型Ⅰ：营养袋高30厘米，直径15厘米，底部有6个排水孔，厚0.12毫米的白色（或黑色）塑料袋。

营养袋型Ⅱ：用塑料薄膜制成营养袋，直径16厘米，袋高25厘米，于袋侧打孔12个，底部打孔10个，装满营养土后袋重约1.25千克。

营养袋型Ⅲ：用塑料薄膜制成营养袋，直径18厘米，袋高20厘米，袋底打孔6～8个。

3. *营养袋苗移栽管理* 营养袋嫁接苗木分2类：一类是砧木种子播于营养袋中，在露地或搭建拱形塑料棚促其生长，当砧木粗度达可嫁接（一般径粗都＜0.5厘米）时嫁接，嫁接口高度多数在5～10厘米。另一类是将在露地已嫁接成活的苗，或嫁接后已长成半成品的苗移入营养袋中，生长6～8个月出圃栽植。

秋播枳种，翌年春季气温回升时移栽砧木苗，先将营养土拌湿（以手紧捏成团，放开松散为度），每袋装3.7千克，然后将当天出的枳苗栽入袋内，稍压紧，栽后立即浇水，使营养土充分湿润，与根系紧密接触，以后每周浇水2～3次至抽梢后每周浇水1～2次。移栽2个月后，每月施速效氮肥。9月份干粗达到嫁接要求时进行嫁接。

嫁接苗的管理与露地苗大致相同，春季接芽萌动前剪去接芽上方的砧木，解除薄膜，不成活的苗木，集中另处及时进行补接。营养袋苗因营养、水分充足，砧木及接穗萌发的嫩枝均多，应每周抹除砧木上的萌蘖。接穗萌发的春梢只留最强的一枝作主干，其余抹除，并在约20厘米长时扶正；夏梢留2～3个枝，生长至30厘米时扶正；秋梢不作处理，任其生长。抽梢期每周浇水1～2次，施尿素每株3克，施后浇水，新梢自剪期叶面喷施0.4%尿素和0.3%磷酸二氢钾混合液，促苗健壮。及时防治病虫害，重点是炭疽病、立枯病、红蜘蛛、凤蝶、蚜虫、卷叶蛾、潜叶蛾等。

(五)容器苗培育

柑橘容器育苗与露地(大田)育苗相比有许多优点。容器育苗所用的材料无菌,育苗过程中植株不接触土壤,使苗木不带线虫等病害;根系发达尤其是吸收根多,可全年定植,成活率高,又无缓苗期;节省 2/3 的育苗用地,又能较好地控制苗木生长条件,从种子萌发到苗木出圃只需 18～24 个月。其不足主要是初期的投资大,包括设施、培养土和容器等。

现将设在重庆市忠县的美国施格兰公司和设在重庆市万州区的北京汇源集团重庆柑橘产业化开发有限公司的容器育苗技术综合介绍如下。

1. *育苗场地*　选择地势平坦、交通方便、水源充足、远离病源、采光良好的地方进行育苗。

2. *育苗设施*　常用的育苗设施有温室、网室、大棚、采穗圃、育苗容器等。

温室有水帘蒸发降温、燃油热风升温、空气循环、强制通风、人工补光、遮光等设施,可自动控温。屋顶和东、西、南三面护墙均采用世界先进的农用透光材料——聚碳酸酯瓦楞板,厚为 0.8 毫米;电控箱可对通风风机、空气循环风扇、水帘、卷帘电机进行自动或手动控制;微电脑温控器可以通过安装在温室内的传感器感知室内温度变化,由微电脑温控系统根据传输而来的数据及系统内程序的设定对温室内温度进行调控,使椪柑苗保持最适的生长条件。

网室为拱形钢结构,屋顶为以色列进口太阳膜,具有抗紫外线、防结露、防冰和冬季保温、透明度高等功能。且具耐冲击、耐高温、耐低温等性能。网室四周是以色列进口 50 目防虫网和聚乙烯保温膜,还设有通风机,起夏季通风降温、冬季保温的作用。

育苗容器有播种器和育苗桶 2 种。播种器是由高密度低压聚乙烯经加注塑而成,长 67 厘米,宽 36 厘米,有 96 个种植穴,穴深 17 厘米。每个播种器可播 96 株砧苗,能装营养土 8～10 千克,耐重压,防紫外线,耐高温、耐低温、耐冲击,可多次重复使用,寿命

5～8 年。育苗桶由线性高压聚乙烯吹塑而成，桶高 38 厘米，桶口宽 12 厘米，桶底宽 10 厘米，梯形方柱，底部有 2 个排水孔，能承受 3～5 千克压力，使用寿命 3～4 年，桶周围有凹凸槽，有利苗木根系生长，利于排水和空气渗透，每桶移栽 1 株砧木大苗。

3. 营养土配制　施格兰公司采用的配方为泥炭土：沙：谷壳＝1.5：1：1(按体积计)，长效肥和微肥可在以后视苗木生长需要而加入。汇源重庆柑橘公司采用草炭土：沙：谷壳＝2：2：1。泥炭土和草炭土要用粉碎机粉碎，播种苗用土中的谷壳需粉碎，移栽大苗无须粉碎，配制时充分拌匀。配制方法：用一个容积为 150 升的斗车，把按配方配好的营养土加入到建筑用的搅拌机中搅拌，每次 5 分钟，使其充分均匀混合。

4. 播种前准备　将混匀的营养土放入由 3 个各 200 升 1 分隔组成的消毒箱中，利用锅炉产生的蒸汽消毒，每个消毒箱内安装有 2 层蒸汽消毒管，消毒管上每隔 10 厘米打 1 个 0.2 厘米大的孔，管与管之间蒸汽可互相循环。每个消毒箱长 0.9 米、深 0.6 米、宽 0.5 米，离地面高 1.2 米。锅炉蒸汽温度保持在 100℃，大约 30 分钟。而后将消毒过的营养土堆在料房中，待冷却后即可装入育苗容器。

5. 种子消毒　播种量是所需苗木量的 1.2 倍，同时还需考虑种子的饱满程度来决定播种量的增加。播种前种子用 50℃热水浸泡 5～10 分钟，捞起后放入用漂白粉消毒过的清水中冷却，再捞起晾干备用。

6. 播种方法　播种前把温室和有关播种器、工具用 3％来苏儿或 1％漂白粉消毒 1 次，装营养土到播种器中，边装边抖动，装满后搬到温室苗床架上，每平方米可放 4.5 个播种器。把种子有胚芽的一端朝下植入土中，这样长出来的砧木幼苗根弯曲的比例较小，根系发达，分布均匀，生长快速，是培养健壮苗的关键之一。播后覆盖 1～1.5 厘米厚的营养土，灌足水，以后视温度高低决定灌水次数。

7. 砧木移栽　当播种苗长到15～20厘米高时，即可移栽，移植前对幼苗进行灌水。然后把播种器放在地上，抓住两边抖动，直到营养土和播种器接触松动，抓住苗根上部一提即起。将砧木下面的弯曲根剪掉，轻轻抖动后去掉根上营养土，并淘汰主干或主根弯曲苗、畸形苗和弱小苗。装苗前先把育苗桶装上1/3的营养土，把苗固定在育苗桶口中央位置，再往桶内装土，边装边摇动，使土与根系充分接触，压实即可，但主根不能弯曲，同时也不能种得过深或过浅，位置应在原来与土壤接触位置深2厘米即可，灌足定根水，第二天施0.15%进口复合肥(氮∶五氧化二磷∶氧化钾＝15∶15∶15)。移植成活率可达100%，4～7天即抽新梢。

8. 砧穗来源　砧木种子是引自美国的卡里佐枳橙，接穗品种为脱毒或不带毒，来自美国和中国农业科学院柑橘研究所。生长健壮，无检疫性病虫害。

9. 嫁接方法　当砧木径粗0.5厘米时即可嫁接，采用美国T字形嫁接法，嫁接高度15～20厘米。用嫁接刀在砧木上比较光滑的一面垂直向下划一条长2.5～3厘米的划口，深达木质部，然后在砧木水平方向上横切1刀，长约1.5厘米，并确定完全切透皮层。在接穗上取一单芽插入切口皮层下，用长20～25厘米、宽1.25厘米聚乙烯薄膜从切口底部包扎4～5圈，扎实即可。1人1天可接1500～2000株，成活率一般在95%以上。为防感染病毒，用具和手要用0.5%漂白粉溶液消毒，嫁接后每株挂标签，标明砧木和接穗，以免混杂。

10. 嫁接后的管理　在苗木嫁接3周后，用刀在接芽反面解膜，此时嫁接口砧穗结合部已愈合并开始生长，待解膜3～5天后把砧木顶端接芽以上的枝干反向弯曲过来。把未成活的苗移到苗床另一头进行集中补接。接芽萌发抽梢自剪并成熟后剪去上部弯曲砧木，剪口最低部位不低于芽的最高部位，剪口与芽的相反方向呈45°角倾斜，以免水分和病菌入侵，且剪口平滑。对砧木上不断抽生的萌枝要及时抹除。

11. 立柱扶苗　容器苗生长快，极易倒伏弯曲，需立柱扶苗，可用长80厘米、粗1厘米左右的竹竿或竹片扶苗。第一次扶苗在嫁接自剪后插竿，插竿的位置离主干2厘米，以不伤及根系为宜，且用薄膜带把苗和立竿捆成“∞”字形。以后随苗的长高，再捆3～4次，达到幼苗直立生长不弯曲。

12. 肥水管理　小苗播种后5～6个月，即可长到15厘米左右，进行移栽；移栽苗经5个月可嫁接，嫁接后6个月可以出圃。因此，对肥水要求较高，一般每周用0.3%～0.5%的复合肥或尿素淋苗1次。此外，根外追肥视苗木生长需要而定，一般喷施0.3%～0.5%的尿素或0.3%的磷酸二氢钾。

13. 病虫防治　温、网室病虫害较少，因土壤经过消毒，且不重复使用。一般幼苗期喷施3～4次杀菌剂防治立枯病、脚腐病、炭疽病即可，药剂用甲霜灵、乙膦铝、可杀得等。虫害的防治除用相应的药以外，还可在温、网室内设立黑光灯诱杀。

温、网室应采取严格的消毒措施，严格控制人员进出，以防人为带入病虫源。

14. 出圃　苗木出圃前应充分淋水，抹去幼嫩新芽，剪除幼苗砧木上的萌蘖，选择健壮、无病虫的苗木出圃，苗高应在60～75厘米或以上，干粗1～1.5厘米，最好有分枝，分枝以下主干高30～40厘米，同时核对品种标签。每株苗上标明品种、砧木、出圃日期、去向等，入档保存，严禁品种混杂。

（六）营养槽苗培育

营养槽苗育苗是20世纪80年代先由中国农业科学院柑橘研究所开始的，现不少柑橘产区在生产上应用。营养槽苗培育是在用砖或水泥板（厚5厘米）建成的槽内进行。槽宽1米，槽深23～25厘米，槽与槽之间的工作道宽40厘米。营养槽长依地形而定，方向以南北向为佳。

营养槽苗的营养土，与培育容器苗的营养土同。

苗木栽植密度：内空宽1米的槽每排11株，排与排之间的距离 22～25 厘米(视砧木、品种不同而异)。

营养槽苗的嫁接、管理与容器苗同。

营养槽苗出圃:可带营养土,也可不带营养土。带营养土的,可用装肥料的塑料蛇皮袋 5 株 1 包或 10 株 1 包进行包装。5 株的包装方法是整体切下两排,切成 4 株一整块,再在其上叠放 1 株呈梅花形,捆扎包装即成。10 株的包装方法是切成 8 株一整块,每 4 株间叠放 1 株,呈双梅花形,捆扎包紧即成。不带营养土的,需打泥浆后用塑料蛇皮袋或薄膜捆扎包装即可。苗出圃后,营养槽的营养土应及时补充。营养土均应消毒。

三、椪柑苗木出圃

(一)嫁接苗标准

优质的嫁接苗是椪柑优质、丰产的基础。因此,出圃的嫁接苗应品种纯正,健壮,主干粗直,接口愈合良好,根系发达、完整,根茎部不扭曲,无检疫性病虫害,有 3 个分布均匀的分枝的良种壮苗。我国椪柑等宽皮柑橘国家级分级标准见表 5-2。

表 5-2 椪柑分级标准

砧木	级别	南亚热带			北亚热带			中亚热带		
		苗木径粗(厘米)	分枝数(条)	苗高(厘米)	苗木径粗(厘米)	分枝数(条)	苗高(厘米)	苗木径粗(厘米)	分枝数(条)	苗高(厘米)
枳	1	≥0.9	3	≥45	≥0.7	3	≥45	≥0.7	3	≥45
	2	≥0.8	2	≥35	≥0.6	2	≥35	≥0.6	2	≥35
酸橘、红橘、椪柑	1	≥1.0	3～4	≥50	≥0.8	3	≥50	≥0.8	3	≥50
	2	≥0.8	3	≥40	≥0.7	2	≥40	≥0.7	2	≥40

(二)嫁接苗出圃时间

容器育苗除气温低的地区在冬季不宜出圃外，其他季节均可带袋(泥)出圃定植。露地育苗的出圃时间，南、中亚热带出圃时间主要是秋季，气温较低的北亚热带和北缘柑橘产区，为有利于幼苗安全越冬，主要在春季出圃。目前，也有5～6月份出圃的，此时虽有气温高、长根快的优势，但定植后必须加强管理，尤其是水分管理，以利于苗木的成活。

(三)起苗和检疫

露地苗起挖前应挂牌标明品种(品系)、砧木及来源等。干旱季节，为避免起苗时过多伤及须根，应提前1～2天灌水。起苗要用起苗器，尽量少伤根系。苗木挖起后要及时修剪受伤根系，剪除分枝以下的小弱枝，然后按标准分级。就近种植的可带土团。待包装外运的苗木、容器苗，应及时检疫，经检疫证明无检疫对象时方准予出圃。

(四)苗木包装和运输

1. 包装　将已分级的露地苗根系蘸上泥浆，以不见根的色泽为度。每50～100株1捆，在根颈、主干中部、分枝处用草绳或竹篾捆紧，放入铺有湿稻草或清洁湿苔藓的草束中央，用稻草包住整个根系和主干，然后捆紧待运。整个包装过程中切忌苗木根系干燥，以免影响成活。

2. 运输　不论短距离或是长距离运输，苗木在运输途中切忌受热、日晒、雨淋和堆压。发现苗木叶片萎蔫和根系水分不足，应及时对根部浇水，但叶片不能浇水，以防落叶。远距离运输，因时间太长，可在包装前将苗木的嫩枝、叶片剪除，或每叶片剪留1/3～1/2，以减少水分的蒸发。容器苗多为就地种植，一般不作远距离运输。

第六章　椪柑建园

椪柑果园的建立应根据椪柑的生长习性及其所需要的环境条件进行园地选择，因地制宜地科学规划，高质量建园，以达到早结果、丰产、稳产和优质的目的。

一、椪柑园地选择

椪柑园地应在当地最适宜和适宜的生态区域中选择，国家农业部确定的优势区域中应重点发展。

园地选择要考虑温度、光照、水分、土壤等生态因素。园地的水源、交通、电力状况，周边是否有污染源，离市场远近也是选择园地的重要条件。

山地建椪柑果园，要考虑地形、地势。在北亚热带气候区，西北向高山屏障的丘陵山地或四周有小山头围绕的小盆地和山坳谷地，往往无强烈日照和寒风侵袭，土层也较深厚，适宜建椪柑果园。山坡坡度最好20°以下，最大不宜超过25°，以利保持水土，方便管理。坡向是椪柑园重要的小气候，以南坡、东南坡最适宜。此外，山地建园应利用山坡中部的逆温层，避开冷空气沉积或寒径流较强的两缓坡相夹的长形下坡地及低洼地。

二、椪柑园地规划

椪柑果园（基地）规划设计是否适当，直接影响椪柑的优质、丰产、稳产和高效、低耗。规划内容包括：道路、水系、土壤改良、种植分区、防护（风）林和附属设施建设等，其中以道路、水系和土壤改良为规划的重点。

(一)道路系统

道路系统由主干道、支路(机耕道)、便道(人行道)等组成。以主干道、支路为框架,通过其与便道的连接,组成完整的交通运输网络,方便肥料、农药和果实等的运输以及农业机械的出入。具体设计要求如下。

1. *主干道* 贯通或环绕全果园,与外界公路相接,可通汽车。路基宽 5 米,路宽 4 米,路肩 0.5 米,建在适中位置,车道终点设会车场。纵坡不超过 5°,最小转弯半径不小于 10 米;路基要坚固,通常是见硬底后石块垫底,碎石铺路面、碾实,路边设排水沟。

2. *支路* 路基宽 4 米,路面宽 3 米,路肩 0.5 米,最小转弯半径 5 米,特殊路段 3 米,纵坡不超过 12°,要求碎石铺路,路面泥石结构,碾实。支路与主干道(或公路)相接,路边设排水沟。

支路为单车道,原则上每 200 米路段增设错车道,错车道位置设在有利地点,满足驾驶员对来车视线的要求。错车道宽 6 米,有效长度大于或等于 10 米,错车道也是采果的装车场。

3. *人行道* 路宽 1～1.5 米,土路路面,也可用石料或砼板铺筑。人行道应有排水沟。

4. *梯面便道* 在每台梯地背沟旁修筑,宽 0.3 米,是同台梯面的管理工作道,与人行道相连。较长的梯地可在适当地段,上、下两台间修筑石梯(石阶)或梯壁工作道,以连通上、下两道梯地,方便上下管理。

5. *水路运输设施* 沿江河、湖泊、水库建立椪柑基地,应充分利用水路运输。在确定运输线后,还应规划码头数量、规模大小。

(二)水利系统

我国椪柑产区,多数年份降水量在 1 000 毫米以上,但因雨水分布不均匀,不少椪柑产区有春旱、伏旱和秋旱,尤其是 7～8 月份的伏旱,对椪柑生产影响很大,故必须注意旱季用水的规划。

1. *灌溉系统* 椪柑果园灌溉可采用节水灌溉(滴灌、微喷灌)

和蓄水灌溉等。

(1)滴灌　滴灌是现代节水灌溉技术，适合在水量不丰裕的椪柑产区施用。水溶性的肥料可结合灌溉使用。但滴灌设施要有统一的管理、维护，规范的操作，不适于零星种植。此外，地形复杂、坡度大、地块零乱的椪柑园安装难度大、投资大、使用管理不便。

滴灌由专门的滴灌公司进行规划设计、安装。

(2)蓄水灌溉　尽量保留(维修)园区内已有的引水设施和蓄水设施。需要新修蓄水池的密度标准：原则上果园的任何一点到最近的取水点之间的直线距离不超过75米，特殊地段可适当增大。

蓄水设施：根据椪柑园需水量，可在果园上方修建大型水库或蓄水池若干个，引水、蓄水，利用落差自流灌溉。各种植区(小区)宜建中、小型水池。根据不同椪柑产区的年降雨量及时间分布，水池以每667平方米50～100立方米的容积为宜。蓄水池的有效容积一般以100立方米为宜，坡度较大的地方，蓄水池的容积可减小。蓄水池的位置一般建在排水沟附近。在上下排水沟旁的蓄水池，设计时尽量利用蓄水池消能。

为方便零星补充灌水和喷施农药，各类灌溉果园均宜修建3～5立方米容积的蓄水池。

(3)灌溉管道(渠)　引水灌溉的应有引水管道或引水水渠(沟)，主管道应纵横贯穿椪柑园区，连通种植区(小区)水池，安装闸门，以便引水灌溉或接插胶管作人工手持灌溉。

(4)沤肥池　椪柑提倡多施有机肥(绿肥、人畜粪肥等)，宜在椪柑园修建沤肥池，一般以0.3～0.7公顷建1个，有效容积以10～20立方米为宜。

椪柑园灌溉用水，应以蓄引为主，辅以提水，排灌结合，尽量利用降雨、山水和地下水等无污染水。水源不足需配电力设施和柴油机抽水，通过库、池、沟(渠)进行灌溉。

2. 排水系统　平地(水田)椪柑园或山地椪柑园，都必须有良好的排水系统，以利于椪柑正常生长、结果。

平地椪柑园：排洪沟、主排水沟、排水沟、厢沟应沟沟相通，形成网络。

山地（丘陵）椪柑园：应有排洪沟、排水沟和背沟，并形成网络。

（1）拦洪沟　应在椪柑果园上方林带和园地交界处设置，拦洪沟的大小视椪柑果园上方集（积）水面积而定。一般沟面宽1～1.5米，比降0.3%～0.5%，以利将水排入自然排水沟或排洪沟，或引入蓄水池（库）。拦洪沟每隔5～7米筑一土埂，土埂低于沟面20～30厘米，以利蓄水抗旱。

（2）排水沟　在果园的主干道、支路、人行道上侧方，都应修宽、深各50厘米的沟渠，以汇集梯地背沟的排水，排出园外，或引入蓄水池，落差大的排水沟应铺设跌水石板，以减少水的冲力。

（3）背沟　梯地椪柑园，每台梯地都在梯地内缘挖宽、深各20～30厘米的背沟，每隔3～5米留一隔埂，埂面低于台面，或挖宽30厘米、深40厘米、长1米的坑，以利于沉积水土。背沟上端与灌溉渠相通，下端与排水沟相连，连接出口处填一石块，与背沟底部等高。背沟在雨季可排水，在旱季可灌水抗旱。

（4）沉沙坑（凼）　除背沟中设置沉沙坑（凼）外，排水沟也应在宽缓处挖筑沉沙坑（凼），在蓄水池的入口处也应有沉沙坑（凼），以沉积排水带来的泥土，在冬季挖出培于树下。

（三）土壤改良

建椪柑园的土壤多数需要进行改良，使土层变厚，土质变疏松，透气性和团粒结构变好，土壤理化性质得到改善，吸水量增加，变地表径流为潜流而起到保水、保土、保肥的作用。

不同立地条件的园地有不同的改良土壤的重点：平地、水田的椪柑园，土壤改良前要开排水沟，降低地下水位，排除积水。耕作层深度超过0.5米的可挖沟筑畦栽培，耕作层深度不足0.5米的，应采取壕沟改土。山地椪柑园改土的关键是加深土层，保持水土，增加肥力。

1. 水田改土　可采用深沟筑畦和壕沟改土。

(1)深沟筑畦　也叫筑畦栽培，适用于耕作层深度 0.5 米以上的田块(平地)，按行向每隔 9～9.3 米挖一条上宽 0.7～1 米、底宽 0.2～0.3 米、深度 0.8～1 米的排水沟，形成宽 9 米左右的种植畦，在畦面种植椪柑 2 行，株距 2～3 米。

排水不良的田块，按行向每隔 4～4.3 米挖一条上宽 0.7～1 米，底宽 0.2～0.3 米，深度 0.8～1 米的排水沟，形成宽 4 米左右的种植畦，在畦中间种植椪柑 1 行，株距 2～3 米。

(2)壕沟改土　适用于耕作层深度不足 0.5 米的田块(平地)，壕沟改土每个种植行挖宽 1 米、深 0.8 米的定植沟，沟底面再向下挖 0.2 米(只挖松、不起土)，每立方米用杂草、作物秸秆、树枝、农家肥、绿肥等土壤改良材料 30～60 千克(按干重计)，分 3～5 层填入沟内，如有条件，应尽可能采用土、料混填。粗的改土材料放在底层，细的放中层，每层填土 0.15～0.2 米。回填时，将原来0.6～0.8 米的土壤与粗料混填到 0.6～0.8 米深度；原来 0～0.2 米的土回填到 0.4～0.6 米深度；原来 0～0.2 米的表土回填到 0.2～0.4 米深度；原来 0.4～0.6 米的土回填到 0～0.2 米深度。最后，直到将定植沟填满并高出原地 0.15～0.2 米。

2. 旱地改土　旱坡地土壤易受到冲击，保水力差，采用挖定植穴(坑)改良土壤。挖穴深度 0.8～1 米、直径 1.2～1.5 米，要求定植穴不积水。积水的定植穴要通过爆破，穴与穴通缝，或开穴底小排水沟等方法排水。挖定植穴时，将耕作层的土壤放一边，生土放另一边。

定植穴回填每立方米有机肥用量和回填方法与壕沟改土同。

3. 其他改土方法　有爆破法、堆置法和鱼鳞式土台等，此略。

(四)种植区(小区)划分

小区划分应在对园地调查的基础上进行，以有利于水土保持、土壤耕作、排水灌溉、避风防寒、交通运输和栽培管理为出发点，因地制宜地划分。山地、丘陵可按山头或坡向划分小区，小区形状为近带状的长方形，山地小区长边基本为等高线，应随地势向等高方向弯曲。平地(水田)小区的长边，应与有害风向垂直。小区面积视实际情况而定，通常以2～3.3公顷为宜，小区规划仍依地形而定，以利于水土保持。

(五)防护(防风)林

山地、平地(水田)建立椪柑园都应营造防护林。防护林能改善园区的生态环境，可降低风速，减少地面蒸发，调节温度，提高大气和土壤湿度，防止干旱和冻害，对减缓坡地地表径流等均有良好作用。一般防护林带的作用范围，在背风面为林带树高度的25倍左右，在迎风面为林带树高的5倍距离内。

防风林带通常交织栽植成方块网状，方块的长边与当地主风方向垂直(称主林带)，短边与主风方向平行。林带以结构分为密林带、稀林带和疏透林带3种。密林带由高大的乔木和中等的灌木组成，防风效果好，但防风范围小，透风能力差，冷空气下沉易形成辐射霜冻。稀林带和疏透林带由高大的乔木或一层高大乔木搭配一层灌木组成，这两种林带防风范围大，通透性好，冷空气下沉速度慢，辐射霜冻也轻，但局部防护效果较差。实践表明，疏透林带透风率30%时，防风效应最大。

防风林的树种应选择适合当地生态条件，适应性强，生长快，树体高大，主根深，枝叶茂盛，抗风力强，寿命长，经济价值高，不与椪柑有相同的病虫害和不是椪柑病虫害中间寄主的树种。根据各地经验，冬季椪柑无冻害产区可选木麻黄；冬季寒冷的产区可选冬青、女贞、洋槐、乌桕、苦楝、榆树、喜树、柏树、杉树、湿地松、锥栗等乔木。灌木主要有紫穗槐、芦竹、慈竹、柽柳和杞柳等。

(六)附属建筑物

大型的椪柑园(基地)应有办公室、保管室、工具房、包装场、果品贮藏库、抽水房、护果房和养畜(禽)场等附属建筑物。应依据果园规模、地形和附属设施的要求，做出相应的规划。如办公室的位置要适中，以便于对作业区的管理；养畜(禽)场宜在果园上方水源、交通和饲料使用方便处；包装场宜在果园的中心，并有公路与外界相连；果品贮藏库宜在背风阴凉、交通方便的地方；护果房宜在路边制高点；抽水房宜在靠近水源又不会被水淹没的位置建造。

三、椪柑园地建设

以下简介山地和平地无公害椪柑园的建设。

(一)山地果园

山地椪柑园，应根据道路、水系的设计进行实施，按土壤改良的要求进行改良。山地果园水土流失是个大问题，应建等高梯田或采取生物护坡的措施。有试验表明：在暴雨(1 小时降水量 200 毫米)冲刷下，随坡开垦的 150 平方米土地上流失泥土达 33.9 千克，而水平梯地只流失 12.9 千克，相差 1 倍以上；在中雨(1 小时降水量 54.5 毫米)时，随坡开垦的 150 平方米土地流失泥土 1.22 千克，而水平梯地只流失 0.23 千克，相差 4.3 倍。以下介绍等高梯地的修筑。

1. 测出等高线　测量山地果园可用水准仪、罗盘仪等，也可用目测法确定等高线。先在建椪柑园的地域选择具有代表性的坡面，在坡面较整齐的地段大致垂直于水平线的方向自上而下沿山坡定一条基线，并测出此坡的坡度。遇坡面不平整时，可分段测出坡度，取其平均值作为设计坡度。然后根据规划设计的坡度和坡地实测的坡度计算出坡线距离，按算出的距离分别在基线上定点打桩。定点所打的木桩处即是测设的各条等高线起点。从最高处到最低处的等高线用水准仪或罗盘仪等测量相同标高的点，并向左右开展，直至标定整个坡面的等高点，再将各等高点连成一线即为等高线。

对于地形复杂的地段，测出的等高线要做必要的调整。调整原则：当实际坡度大于设计坡度时，等高线密集，即相邻两梯地中线的水平距离变小，应适当减线；相反，若实际坡度小于设计坡度时，也可适当加线。凸出的地形，填土方小于挖土方，等高线可适当上移。凹入的地形，挖土方小于填土方，等高线可适当下移。地形特别复杂的地段，等高线呈短折状，应根据“大弯就势，小弯取直”的原则加以调整。

在调整后的等高线上打上木桩或画出石灰线，此即为修筑梯地的基线。

2. 梯地的修筑方法　修筑水平梯地，应从下而上逐台修筑，填、挖土方时，内挖外填，边挖边填。梯壁质量是建设梯地的关键，常因梯壁倒塌而毁坏梯地。根据椪柑园土质、坡度、雨量情况，梯壁可用泥土、草皮或石块等修筑。石梯壁投资大，但牢固耐用。筑梯壁时，先在基线上挖 1 米长、0.5 米宽、0.3 米深的内沟，将沟底挖松，取出原坡面上的表土，以便填入的土能与梯壁紧密结合，增强梯壁的牢固度。挖沟筑梯时，应先将沟内表土搁置于上方，再从定植沟取底土筑梯壁（或用石块砌），梯壁内层应层层踩实夯紧。沟挖成后，自内侧挖表土填沟，结合施用有机肥，待后定点栽植。梯壁的倾斜度应根据坡度、梯面宽度和土质综合考虑确定。土质黏重的角度可大一些；相反，则应小一些；通常保持在 60°～70°。梯壁高度以 1 米左右为宜，否则虽能增宽梯面，但费工多，牢固度下降。筑好梯壁即可修整梯面，筑梯埂，挖背沟。梯面应向内倾，即外高内低。对肥力差的梯地，要种植绿肥，施有机肥，进行土壤改良，加深土层，培肥地力。

（二）平地果园

平地椪柑园包括水田、围田、河坝地、旱地等，在这些地段建设椪柑园，需要整修好排灌系统，筑墩培畦。鉴于平地地势高低和土壤质地不同，所修建的排灌系统和筑墩培畦的方式方法也不同，但共同点是降低地下水位，增厚土层，改善土壤水、肥、气、热条件，做到速排速灌，防涝防旱，有利于椪柑的正常生长发育。

1. 修建排灌系统　平地椪柑园，通常地下水位高，有内涝，排灌不便，因此建园常修建围堤，每 6～13 公顷为一园，除留交通主道外，土堤两侧挖成深1米、宽2米的环园水沟，以培高加宽土堤，园内常采用"非"字形排灌系统，见图6-1。

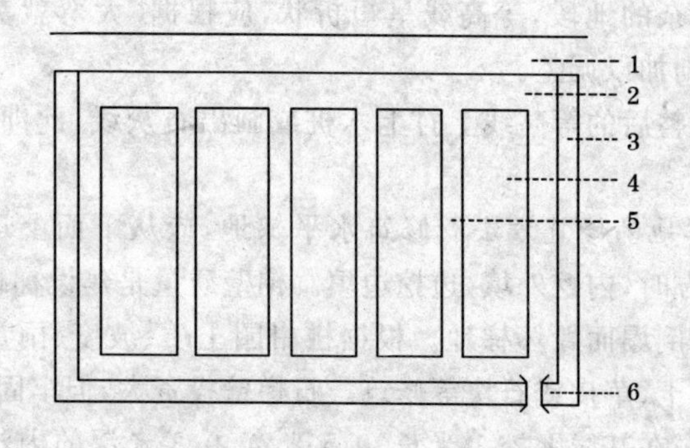

图6-1 "非"字形排灌系统

1. 主路 2. 环园沟 3. 土堤 4. 畦 5. 排灌沟 6. 水闸

2. 筑墩培畦　筑墩培畦有高墩式(深沟高畦式)、低畦浅沟式等。

(1)高墩式(深沟高畦式)　新建果园冬季进行2次深耕，使土壤充分熟化，然后筑墩种植，墩高0.4～0.5米，墩底宽1～1.2米，墩面宽0.8～1米。种植后逐年分次沿墩铺垃圾、土杂肥、埋绿肥和培土，扩大树墩，做到一年筑墩，二年变畦，三年成一畦双行栽植。排水沟逐年加深(常年蓄水)。挖出的泥土用于加厚畦面土层，加深水沟可降低地下水位，增厚椪柑根系生长土层。

(2)低畦浅沟式　地下水位较低而土壤疏松易灌溉的平地，可采用低畦浅沟式建园。秋季开园整地时，全园翻耕碎土，修成矮墩低畦，椪柑苗栽在土墩上，以后逐年做成龟背形畦面，每行开1条浅沟，平时水沟不蓄水，旱时引水灌溉后即可排出。

第七章　椪柑的种植密度和栽植方式

椪柑种植(栽植)密度,不同的国家,不同的时期,不同的椪柑种类和品种(品系)各不相同。从目前的情况看,世界主要产椪柑的国家中,我国和日本的种植密度较大。从过去到现在,世界椪柑栽植密度由稀变密,由密又变为较稀。

一、椪柑的种植密度

密植是椪柑种植的主要趋向,椪柑稀植不利于土地和空间的充分利用,但不是越密越好。种植密度过大,通风透光条件变劣,光合效率下降,病虫害孳生,植株生长、发育不良,树冠提前郁闭衰老,甚至出现未进入结果期果园就郁闭的弊端。过密也会给管理带来不便,更难进行机械操作,也会加大建园资金投入。所以椪柑提倡适度密植和计划密植。

(一)密植程度

椪柑的种植密度受砧木、种植地的气候、土壤、立地条件和栽培技术等因素的影响。

1. 砧木影响　枳砧椪柑可栽得比红橘砧椪柑密。

2. 气候条件影响　热量条件丰富的北缘热带和南亚热带,椪柑抽梢量大,生长迅速,投产早,栽植密度小。笔者曾在墨西哥椪柑产区见到栽植密度为 8 米×8 米的椪柑,2～3 年生树树高1.7～1.8 米,冠径 1.2 米×1.5 米。北亚热带热量条件较差,栽植的密度通常较南亚热带和中亚热带大。但有时因栽培技术等原因,也有例外,如我国广东省汕头地区的椪柑产区,因推广控梢技术和种植习惯,种植密度与北亚热带产区相同。

3. 立地条件的影响　由于山地光照条件较平地好，因此，山地栽植密度可比平地稍密。

4. 栽培技术的影响　主要是土肥水和树冠管理技术，土层深厚，土壤肥沃，水分充足，种植密度可稍小；树冠采取控梢技术管理的密度可相应加大。

(二)计划密植

椪柑计划密植是指在椪柑果树生长发育周期内，为早结果、早丰产、早受益和前期经济利用土地，而有计划地在前期增加栽植密度。随着树冠的扩大，直到难以控制其树冠郁闭(封行)时，为解决管理不便、树冠通风透光条件不良、生长受阻和产量下降等矛盾，在后期采取间移或间伐，最后留下永久树，继续结果。这种栽植方法称为计划密植。间移(间伐)有进行1次的，也有进行2次的，这取决于开始的种植密度。如最初每667平方米栽椪柑112株，结果5～6年后，从中间移1行，使行距由原来的2米变成4米，每667平方米栽112株变为56株即可。如开始每667平方米栽224株，则需进行2次间移，结果4～5年时第一次间移，第一次间移后结果5～6年，再第二次间移，最后达每667平方米栽56株。

计划密植，前期通过选用矮化砧、控梢技术等达到矮(化)、密(植)、早(结果)、丰(产)，后期采用带土间移，开辟新的椪柑园。对间移后的椪柑园应加强肥水管理和树冠管理，达到持续丰产、稳产的目的。

二、椪柑的栽植方式

椪柑种植方式很多，主要有长方形、正方形、三角形和等高栽植等。

(一)长方形栽植

行距宽，株距窄，又称宽行窄株栽植。具有通风透光良好，树冠长大后方便管理和机械操作特点，是目前椪柑种植采用最多的栽植方式。每 667 平方米栽植的株数可用 667(米^2)÷〔株距(米)×行距(米)〕的公式计算。如株距 1.5 米、行距 3 米，则 667 平方米栽株数为：667÷(1.5×3)=148 株。

(二)正方形栽植

即行距和株距相等，呈正方形。这种种植方式在树冠未封行前，通风透光较好，管理也较方便，但不宜密植，以免树冠交叉时光照不良，不便管理，同时也不利间种绿肥。每 667 平方米栽植株数可用 667(米^2)÷(株距)^2(米)的公式计算。如株距 2 米(行距同株距)，则 667 平方米栽植株数为：667÷2^2=166.6 株，即 167 株。

(三)三角形栽植

这种种植方式的株距大于行距，各行互相错开而呈三角形排列，可充分利用树冠间的空隙，增加叶片受光量，而且比正方形栽植多栽 10%～15%的株数，但果园不便管理，不便机械操作。在山地种椪柑，梯面稍宽，栽 1 行有余，栽 2 行不足时，常用这种栽植方式，种植 2 行。每 667 平方米栽植株数的计算公式为：667(米^2)÷〔(株距)^2(米)×0.866〕。如株距为 2 米，则每 667 平方米栽株数为：667÷〔2^2×0.866〕=192.3 株，即 192 株。

(四)等高栽植

多用于山地等高梯地椪柑园。株距相等，行距即梯地台面平均宽度，将椪柑按等高栽植成带状排列。每 667 平方米栽植株数的计算公式为：667(米^2)÷株距×梯面平均宽度(米)。此公式算出的是大约数字，应加减插行或断行的株数。

三、椪柑的栽植技术

(一)栽植时期

1. 秋季栽植　在 9～11 月份秋梢老熟后，雨季尚未结束前栽植较好。这时气温尚高，土壤含水量适宜，根系伤口愈合快，种后还能长一次新根。所谓“十月小阳春，椪柑要长 1 次根”，就是指这一时期栽种长新根，翌年春梢能正常抽生，对提高成活率、扩大树冠、早结丰产都有利。但秋季种植后要注意防旱，气温较低之地要备好冬季防冻措施。秋植不宜太晚，以免气温下降，雨水减少，根系生长差，苗木恢复时间短，叶片变黄脱落而影响苗木生长。秋季干旱、冬季气温低、椪柑易发生冻害的地方不宜秋季栽植。

2. 春季栽植　冬季有寒冻发生的地方，一般在春梢萌动前的2～3月份栽植。除西南地区外，全国其他椪柑产区，此时雨水较多，气温逐渐回升，栽植容易成活，还可省去秋冬管理工作，但春梢抽生较差，恢复较慢。

3. 夏季栽植　椪柑以秋、春两季栽植为主，但夏季多雨凉爽地区，也可在春梢停止生长的4月底至5月底种植，这时雨水多、气温适宜，根系正值生长期，成活率高，有利于苗木生长。但夏季气温高、易干旱，栽植后要采取保湿防旱措施。初夏大面积栽植椪柑，采取栽后及时灌水，覆盖树盘等措施，成活率高达95%以上，且苗木种植后缓苗期缩短，长势好。为抢时间，春季栽植未成活的夏季补植，采取选准补苗期，以夏梢抽发前1周前后和下雨前1～2天定植；起苗前先浇水，再剪去2/3的叶片和嫩春梢，尽量多带根系，并打上泥浆；定植强调质量，根土密接，栽后灌透水，再在表面覆上细土，并根据苗木需水情况，浇灌1～2次水等措施，成活率高达95%。

不论何时栽植，都要注意苗木不能伤根太多，环境条件变化不能太大，地上部枝叶和地下部的根系比例要适当，种植应选在无风阴天进行，不宜在低温、大雨、干风天气种植。

容器苗根系发达，带土种植，通常全年都可栽植，但以3月初至11月中旬种植最适，不但成活率高（几乎100%），而且种后马上能长根。

（二）栽植准备工作

1. 确定定植（栽植）点　平地和缓坡地，行距基线最好与灌水渠道平行，株距基线与灌水渠道垂直，以方便灌溉。测定定植点时，先作两条互相垂直的线，代表行距与株距基线，按规定的株行距在相应基线上做出标记，然后用测量绳代替一条基线，垂直于另一条基线平行移动，以测定出所有的定植点。

坡地椪柑园，在同一坡向，地势较一致的小区内，梯地之间是行距。虽然行距可能不等宽，但如能在小区中部垂直于梯地的方向，从坡顶到坡脚，拉一直线作为基线，在经过的每一台梯地外侧打上记号，每台梯地以这个记号为起点，以株距为尺度，向梯地左右两端测量，就得出该梯地的各定植点。这样定植的柑橘树，上下成行，左右随梯地弯曲。

地势较复杂，梯面弯曲较多的园地，可直接以每台梯地起点为准，按株距定点栽植。但每台梯地定植点连线要整齐圆滑，可不苛求上下成行。梯面过窄的地段，可不定植椪柑，留作种植绿肥，宽的地段可增行。

2. 挖定植沟、穴　春季定植，定植沟、穴最好在前一年秋冬挖好；秋植应在栽前 1 个月挖好，使下层土壤能充分熟化。定植沟、穴的位置，梯地应在梯面靠外缘 1/3～2/5 处，即在梯面中心线外缘，因内缘土壤熟化较差，光照差，且生产管理便道都在内缘。沟、穴的宽、深均为 1 米。沟、穴太小，不利于椪柑根系伸展，树冠也长不好。计划密植的植株多，应挖成漏斗形壕沟，栽植后再逐年扩穴压埋绿肥，扩大壕沟，熟化全园土壤。山地土层有岩石的地段，定植沟、穴要施行爆破。不论是开沟、穴或是扩穴，都应将表土和底土分开堆放，以充分利用表土。

3. 施基肥、回填　要使定植后的椪柑成活，迅速生长，提早结果，必须在定植沟、穴内施足基肥，每次施土杂肥 40～60 千克，腐熟猪牛栏肥 25～30 千克，人粪尿水 10～15 千克或豆饼、菜籽饼 2.5 千克，磷肥 1～1.5 千克。先将肥料和表土混合填入穴内 20～50 厘米处，上面覆盖一层表土，以避免根系直接接触肥料而引起烧根。也可因地制宜用山地青草、细秸秆分层回填，每穴 50～100 千克，一层表土、一层肥混合均匀。酸性土壤每穴撒 0.5 千克石灰和 0.5 千克过磷酸钙，分 4～5 层填满、压实。碳酸钙含量高的紫色碱性土，为降低其酸碱度，每穴可撒硫黄粉 0.5 千克。穴中压青草绿肥的，最好待 2～3 个月，青草腐熟后再定植，以免引起烂根。土质瘠薄，有条件客土的，用客土改良沟、穴土壤，将肥泥、塘泥填入沟、穴中。缺少农家肥来源的，可先种豆科绿肥，以改良、熟化沟、穴土壤。回填沟、穴的土，要高出土面 15～30 厘米，使松散土壤下沉后不致于将椪柑主干埋入土中为度。

4. 苗木准备　将苗木品种（品系）核对、登记、挂牌，以免栽时忙中出错。外地调入的苗木如失水过多，应解除包扎物，在水中浸根 1 小时，使其充分吸水，然后根际蘸泥浆后栽植或假植。栽前先将苗木按大小分级，先栽大苗、壮苗，再栽较小的苗，对不合要求的小苗、弱苗集中假植。为使栽植一次成功，山地果园也有采取先将苗木集中假植在果园附近的肥土上 1～2 年，再作大苗带土移栽。这样做的好处，一是苗木假植集中管理方便，二是果园的土壤可同时进行熟化，大苗带土移栽有利于早结果、早丰产。

（三）栽植方法

1. 露地苗栽植　栽植时，先修整苗木，剪去受伤的根系和过长的主根，将苗木放入定植穴中央，梯地果园，应将苗木的第一大主枝向着梯壁外缘方向，栽时前后左右对正或呈整齐的圆弧形，然后用手将须根提起，放一层须根，将其四方铺平后用细土压实，再放一层根铺平压实，避免根条弯曲拥挤在一处，应层层舒展并与土壤紧密接触，再将四周轻轻踩实，覆土盖平，浇水，最后覆一层细土，使栽植穴成墩，高出地面 10 厘米左右，干旱之地，树盘上可覆盖杂草、枝椏等。栽植深度应与苗期印痕相同，为不使土沉后根颈部埋入土中，栽时根颈部应高出地面 10～15 厘米。栽植过深，根颈部埋于土中，不仅根系生长缓慢，而且易受星天牛、脚腐病和流胶病的危害。但也不能栽得过浅，以免受旱和被风吹倒。

栽植时可结合整形修剪剪除部分枝叶，剪除量依根量而定，即“看根留叶”。根系多，多留叶（也可不剪）；反之少留叶。

栽植假植的大苗，应带土移栽。最好在移栽前一年的9月份，在需带土团大小的范围内，用铲切断侧根，施稀薄肥，促使多发新根。带土团大小视树冠大小而定，通常树冠冠径60～80厘米，则土团直径以30～40厘米为宜，深20～25厘米。

2. 容器苗栽植　栽植前轻拍育苗容器四周，使苗木带土与育苗容器分离。一只手抓住苗木主干的基部，另一只手抓住育苗容器，将椪柑苗轻轻拉出。注意不拉破、散落营养土。栽植时必须扒去四周和底部1/4营养土至有根系露出为止，剪掉弯曲部分的根，梳理根部，使根系展开，便于栽植时根系末端与土壤接触，有利生根(图7-1)。栽后根颈部应稍高出地面，以防土壤下沉后根颈下陷至泥土中，生长不良和引发脚腐病。栽后的椪柑苗做一个直径50～60厘米的土埂，浇足定根水。

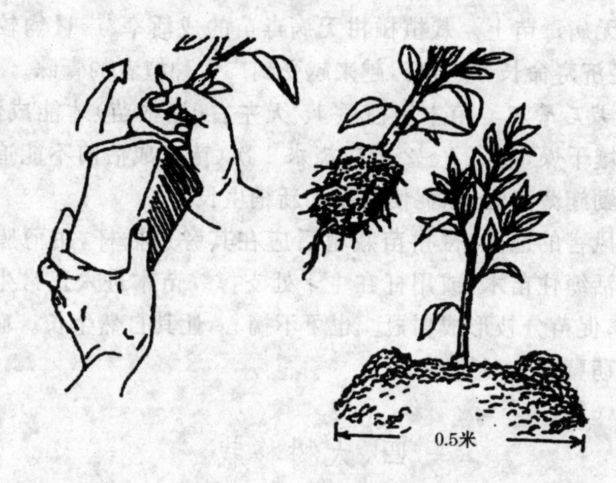

图7-1　椪柑容器苗的栽植

另一种栽植方法是施格兰公司曾采用的泥浆法栽植技术。先确定定植穴，后用专用的取土器钻1个直径20厘米、深40～50厘米的穴，灌满水。再从容器中取出苗，剪除主根末端弯曲部分，掏去根系上原有的一半营养土，将苗放入穴中，一边回填土一边加水，使根系周围的土壤松散，用手插入土中往根系方向挤压，使土壤与根系紧密接触。最后扶正主干，使其与地面垂直，并使根颈部高出地面 15 厘米左右。此法栽植后苗木根系与土壤接触紧密，即使在盛夏也可 3～4 天不浇水，成活率也高。但在雨天或温度较低时栽植，浇水宜少些。夏季定植时待栽苗木不能卧放，也不能在阳光下暴晒，以免伤根。

栽后一旦发现苗木栽植过深可采取以下方法矫正：通过刨土能亮出根颈部的，通过抬高植株矫正。具体做法：两人相对操作，用铁锹在树冠外缘滴水线处插入，将苗轻轻抬起，细心填入细土、塞实，并每株灌水 10～20 升。

由于栽植的是椪柑无病毒苗，要求清除园内原有的柑橘类植株(通常都带有病毒)，以免在修剪、除萌等人为操作中将病毒传至新植的无病毒苗上。栽植椪柑无病毒苗的成活率、产量均较露地苗高，经济寿命长，效益好，越来越受到广大种植者的青睐。

3. 栽后管理　苗木定植后 15 天左右(裸根苗)才能成活，此时若土壤干燥，每隔 1～2 天应浇水 1 次(苗木成活前不能追肥)，成活后勤施薄液肥，以促使根系和新梢生长。

有风害的地区，椪柑苗栽植后应在其旁边插杆，用薄膜带作"∞"形活缚住苗木，或用杆在主干处支撑。苗木进入正常生长时可摘心，促苗分枝形成树冠。也可不摘心，让其自然生长。砧木上抽发的萌蘖要及时摘除。

四、大树移栽

计划密植的椪柑园，进入树冠交叉、郁闭时应作大树间移或间伐。我国椪柑产区多数采取间移，既改善间移后的椪柑园通风透光、肥水条件，使产量回升，又能使移植的椪柑快速成园投产，实为一举两得。椪柑大树如何移栽，现简介计划密植椪柑园大树移栽技术。

(一)移前准备

1. 确定移栽方式　一般间移可采取隔行间移、隔株间移以及梅花形间移3种方式。从间移后的效果看，隔株间移和梅花形间移的椪柑园，由于留下的椪柑植株比较均匀，更便于充分利用土地和光照。隔行间移的则便于移后的田间管理。

2. 断根　对要移植的椪柑树(非永久树)，于前一年秋季在树冠滴水线处两侧挖长60～70厘米、深30～40厘米、宽15厘米左右的弧形沟，切断根系，晾根1～2天，施入拌有磷肥的土杂肥，然后浇水。经断根处理的移栽树，移栽时对树势影响小，恢复快。

3. 挖定植穴　山地挖深1～1.2米、宽0.8～1米的种植沟，填入农家肥作基肥。平地宜筑宽1.5～2米、高0.6～1米的土墩。移栽前施入少量磷肥拌定根土，以利于促发新根。调查表明，使用拌有少量磷肥的定根土，栽后成活率达100%，且移植当年株产10～15千克，而无定根土的，成活率只有74.5%，且植株长势差。

4. 修剪　因大树在移栽时会损伤部分根系，为调节地上部与地下部的生长平衡，移栽前应作适当的重剪，以保证成活和必要的树形改造。调查表明，修剪后移栽的椪柑树成活率高，树势恢复快；移栽后修剪的，成活率及树势均明显较差。修剪量一般以剪去树冠枝叶1/3左右为宜。

(二)移栽技术

1. 时期　丘陵、山地以椪柑萌芽前的3月上旬移栽为好。冬季较温暖、土壤湿润的地段，在秋季移栽，则树势更易恢复。调查表明，秋季移栽的椪柑树，发芽开花的时间与未移栽的椪柑树基本一致，而春季移栽的椪柑树则要晚5～20天。

2. 起树　从前一年断根沟沿处开挖，尽量多留吸收根。如前一年未做断根处理的则应挖得稍远。对断根、开裂的根应及时修剪，以利伤口愈合；对粗大的主、侧根应适当修剪，以促生新根。尽量保护好细侧根，以利移栽成活和移栽当年仍能结果。调查表明，无主根，水平侧根、须根发达，移栽时保护完好的44株11年生椪柑,当年平均株产15.4千克,最高株产32.5千克。

3. 运输　随挖随种,尽可能带土移栽,无法带土的移栽树,应打泥浆保护。运输时用草包捆扎根部,切忌风吹日晒、隔日栽种。

4. 移栽　将定植穴底打实,放入植株,剪碎草包,舒展根系,分层填土,务使根系与回填土壤密接。

5. 支撑　因树大招风,需用数根竹竿(或木杆)支撑移栽树,加以固定,以利于植株成活。

(三)移后管理

1. 浇水　栽后立即浇水1次,以后隔2～3天浇1次,直至成活为止。遇连续晴天,还应对树冠喷水。

2. 根际施肥　移栽后肥料以氮肥为主,薄施勤施,以促新梢抽生。移栽后的当年夏季,应深翻压绿肥改土,加速根群生长和树势恢复。

3. 根外追肥　由于新移栽的椪柑树吸肥能力较弱,应多次喷布0.2%尿素和0.2%磷酸二氢钾。

4. 树盘覆盖　春季移栽时,一般雨水较多,树体表现尚可,但一遇夏、秋高温干旱,往往出现死树。树盘覆盖保墒,是提高移栽树成活率的关键措施之一。

5. 及时防病　因移栽大树伤口较多,易感染病菌,故应及时喷药防病。

此外,还应处理好移栽树当年结果量和恢复树势的关系。绝不能让移栽时根系损伤较多的树当年结果,以免造成落叶枯枝,影响树势及时恢复和翌年正常投产。

(四)间移后密植园的管理

上面介绍的是密植园移栽及管理的问题。以下介绍密植园经间移后留下的植株的管理。

1. 修剪更新　移栽前椪柑园较密,树体结构上旺下空。为此,对留下的植株应进行更新修剪,以再造良好的树冠。

2. 开沟填肥　可利用间移后留下的沟或穴,深埋绿肥和其他农家肥。同时注意开沟整畦。

3. 药剂清园　由于间移前的园地郁闭，不利于通风透光，蚧类、黑刺粉虱等害虫较多，因此，应抓紧在发芽前修剪和用药剂清园。

第八章 椪柑的土壤管理

土壤由无机盐、有机质、水分、空气、微生物等组成，是椪柑生长的基础。椪柑植株在生长发育过程中，从土壤中吸取所需的养分（氮、磷、钾、钙、镁和众多的微量元素）和水分。椪柑是多年生的常绿果树，根系分布深广，挂果时间长，需要消耗大量的养分和水分。椪柑种植在土层深厚、土质疏松、透气性强、排水性好、酸碱度适宜和有机质含量高的土壤中，则表现生长旺盛、丰产稳产。相反，种植在土层瘠薄、土质黏重或过沙、透气性差、排水不良、偏酸或偏碱以及有机质含量低的土壤中，则表现生长势差、产量低、不稳产（图 8-1）。

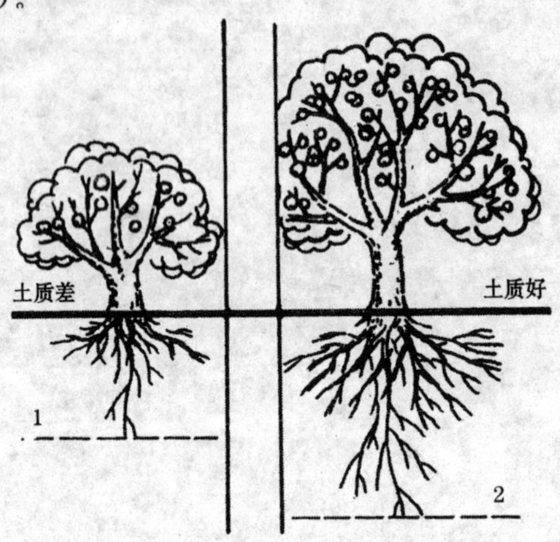

图 8-1 土壤状况与椪柑生长结果的关系示意

1. 酸碱度不适，有机质低于 1%，土层浅、根系浅而少，土质坚硬，排水差 2. 酸碱度适宜，有机质 3%以上，土层深厚，根系密集，土质疏松，排水良好

一、椪柑生长发育对土壤的要求

(一)土层深度

椪柑根系深广，深入土层1米左右，所需有效土层不低于0.6米。丘陵山地土层浅薄，需经改良加厚，才能使根系充分利用土壤中的养分和水分，增强树体的抗旱、抗寒能力。土层深浅、土壤肥瘠与椪柑产量有密切的关系。

1. 土层深厚的优点

(1)能充分供给养分和水分　土壤是椪柑果树养分和水分的源泉。土层深厚，能满足椪柑植株对养分和水分的要求，使之形成强大的根系和树冠，有利于高产、优质。根系发达，可提高对肥料的利用率，减少肥料损失，充分利用地力。

(2)降低根系旱害和低温、高温危害　根系深可利用土壤深层的水分。深层土壤干湿度变幅小，可增加椪柑的抗旱能力；同时土层深厚，土壤温度变幅也较小，可减轻或避免低温或高温对根系的危害。夏季，沙质土壤果园的地表温度可高达50℃～60℃，可使浅层根系死亡，深厚的土壤可引根深入。

(3)增强抗病虫害能力　土壤深厚使树体健壮，增强抗病虫害能力。调查表明，根系分布浅，发病率高。因为浅根使树势衰弱，是发病的诱因；浅层土壤水分变幅大而影响某些矿物质营养的可给态，椪柑根浅会发生某些生理病害。

2. 影响土壤有效深度的因素

(1)岩盘(岩石)　由于未分化的岩石或硬土层存在，机械地阻碍椪柑根系向土壤深层生长，使树势衰弱，产量降低，寿命缩短。

(2)地下水位　根系生命活动需要进行呼吸作用，土层虽深厚，但地下水位高，根系长期浸于水中，缺乏呼吸作用必需的氧气，根系就会窒息，也就不可能深入下层土壤。所以地下水位高低，可影响根系的生长。

(3)黏土层(不透水层) 园地地下水位虽低，但如果下层有不透水的黏土层，则通气不良，氧气缺乏，根系生长受阻，树势衰弱。

(4)沙砾层 土壤下层如有沙砾层，因其保水力差而水分不足，使根系不能深入，影响椪柑生长、结果。对此，必须采取深翻，取出沙砾，填入土壤，施有机质，才能提高保水性能。

(5)其他 如土壤下层活性铝含量高，使根系无法深入，为防止氧化铝的危害，应施有机质、石灰和磷肥等。

(二)土 质

土壤质地(简称土质)，是指土壤中的不同粒级(砂粒或黏粒)所占的百分含量。按土壤性质大体可分 3 类。

1. 沙土 含沙粒(直径 0.01～2 毫米)85%以上，含黏粒(直径<0.001 毫米)15%以下。沙土含沙较高，蓄水力弱，养分含量少；保水力差，抗旱力弱，土温变化快，但通气性和透水性良好，且易于耕作。沙土栽培椪柑应注意选择抗旱砧木，如红橘砧；开辟水源，及时灌溉；用秸秆覆盖上面，减少蒸发；多施农家肥，培肥土壤，施肥勤施薄施，减少流失。

2. 黏土 含黏粒 50%以上，沙粒 50%以下。黏土保肥保水力强，养分含量比较丰富，特别是钾、钙、镁较多。土温较稳定；排水性差，施肥后肥劲稳，肥效长，但通气性和透水性较差，耕作较困难。椪柑栽培应注意开沟排水，高畦栽培，特别是黏重的土壤，应多施农家肥，改良土壤结构。

3. 壤土 含黏粒 25%～40%，沙粒 60%～75%。因壤土含黏粒和沙粒的比例适当，土壤理化性质良好，保水保肥力强，透水性、透气性适中，是栽培椪柑理想的土壤。

(三)土壤孔隙度

土壤孔隙度是土壤中孔隙占土壤总体积的百分数。土壤结构不同，孔隙度差异明显，黏土类孔隙度为 35%～45%，沙土类为 45%～60%，适于椪柑生长的孔隙度为 50%～60%。

(四)土壤团粒结构

团粒结构包括团粒和微团粒。团粒近似球形,较疏松的小土团,直径0.25～1毫米;微团粒直径0.25毫米以下。团粒和微团粒是土壤中最好的结构类型。团粒结构多的土壤,水分、空气、养分供应充足,抗逆性和缓冲性强。这种土壤栽培椪柑,有利于生长发育,易获得高产。促进土壤团粒结构,通常采用合理中耕、深翻,施农家肥或石灰(酸性土),种植豆科绿肥和施土壤结构改良剂等。

(五)土壤有机质

土壤中的有机质主要来源于植物残体及人为施入的有机物,还包括土壤的微生物。有机质与土壤形成及土壤肥力有密切关系。土壤有机质对土壤熟化的好处:一是影响土壤的理化性质。透水性、持水性、吸水性、缓冲性和团粒结构等取决于有机质。二是有机质中含有大量的微生物活体,同时有机质又是微生物养料和能量的来源。三是有机质的分解可逐步释放各种元素,使椪柑获得完全养分,不易出现缺素。四是有机质分解的腐殖质酸对椪柑根系生长有刺激作用。五是向土壤溶液和大气提供二氧化碳。六是有机质分解出的有机酸,在较大程度上影响土壤母质化学风化过程。为此,椪柑园土壤管理,应使土壤有机质含量不断提高。我国的椪柑园有机质含量普遍较低,在1%～2%。国内外研究认为,椪柑园土壤的有机质含量以3%左右为佳。

(六)土壤酸碱度

土壤酸碱度又称土壤酸碱反应。土壤酸碱反应的变化主要是氢离子[H^+]和氢氧根离子[OH^-]的作用。氢离子浓度等于100纳摩/升(pH值=7)时,土壤为中性;氢离子浓度小于100纳摩/升(pH值>7)时,土壤为碱性;氢离子浓度大于100纳摩/升(pH值<7)时,土壤为酸性。

椪柑喜酸忌碱,最适宜的pH值5.5～6.5。我国栽培椪柑的红壤、黄壤pH值4～5.5;紫色土pH值6～8.5;石灰性土壤pH值7～8.5。在偏酸、偏碱的土壤种植椪柑,应通过土壤改良,矫正酸碱度。对偏酸性土壤，施用石灰不仅可中和土壤的酸性，而且可使铝离子沉淀，清除铝离子对椪柑根系的毒害。

（七）土壤三相组成

土壤三相组成是固相、液相、气相三者的容积比例组成，土壤的三相对椪柑果树生长十分重要。由于椪柑果树长期生长在同一地点，在根系扩展的范围内，根系的多少与土壤三相有密切关系。通常认为固相40%～50%，液相20%～40%，气相15%～35%有利于椪柑生长发育，使树体健壮，高产稳产。

（八）土壤温度（土温）

椪柑根系生长与土壤温度有密切关系。一般说，土温越低，根系吸收水分的能力越弱。低温引起吸收作用低的直接原因：一是土壤水分的黏稠度增加，蒸发压减少，水分移动性降低。二是根细胞原生质黏稠度增加，细胞的生理性渗透作用减小。椪柑要求较高的土温，12℃时根系才开始活动，26℃左右最适根系生长，37℃以上根系停止生长。土温过高或过低都会导致根系死亡。

（九）土壤对养分的吸收能力

土壤具有吸收和保持营养成分的能力，并随时供给椪柑吸收，土壤是养分的贮藏库。土壤的吸肥保肥能力与椪柑的丰产性密切相关。盐基置换容量（即土壤吸收盐基的最大数量）越大的土壤，保肥力越强，对椪柑生产越有利，椪柑越易高产。

二、椪柑的土壤管理技术

土壤管理的好坏，直接影响椪柑的产量和品质。创造适宜椪柑生长发育的肥、热、水、气等土壤条件，是土壤管理的主要目的。通过施农家肥、绿肥、深翻、覆盖、季节性生草和水土保持等技术措施，可以达到上述目的。

（一）增加土壤有机质

提高土壤有机质，是椪柑园土壤管理的重点。增加有机质的方法主要有:施入厩肥、堆渣肥、山青草皮肥和种植绿肥等。厩肥是家畜粪尿和各种垫料混合堆制而成的肥料,其养分因畜种和饲料、垫料种类的不同而异。一般新鲜厩肥含有机质25%,含氮0.5%、含磷0.25%、含钾0.6%。施于土壤可增加土壤的腐殖质。堆渣肥是秸秆、杂草、落叶和垃圾堆制而成的,其养分含量因堆积物不同而异,一般含有机质15%~25%、含氮0.4%~0.5%、含磷0.18%~0.26%、含钾0.45%~0.7%。城市垃圾的堆肥,应清除有毒物质和对椪柑根系生长不利的物质。山青草皮肥是山地椪柑园或旁山椪柑园较易获得的肥源。施用时要开深沟,分层压埋(即一层山青,一层草皮泥,或一层山青,一层泥土),为加快腐熟,可适量使用石灰(限酸性土壤)。绿肥是椪柑园有机质的主要来源。建立大、中型椪柑的商品基地,需要有充足的肥源,通常要求建相应的绿肥基地或在椪柑园中种植绿肥。

(二)深翻土壤

深翻土壤是土壤管理工作的重要内容。它的主要作用有以下几点。

1. 改变土壤水、热、气状况　深翻结合施农家肥,效果更好,不仅可疏松土壤耕作层,而且还能改善土壤板结,对上、中、下三层都有作用。深翻压埋绿肥,可增加土壤孔隙度,降低容重,增加有机质。有资料介绍,紫色土、黄壤的椪柑园,深翻40厘米,并结合施混合肥,20~40厘米的土层内,土壤容重为1.42克/厘米^3;耕作深16厘米的同一土层内,土壤容重为1.88克/厘米^3。由于土壤容重的下降,提高了土壤的保水能力。深翻和未深翻的0~16厘米土层含水量分别为18.34%和14.28%;16~33厘米的土层含水量分别为20.48%和10.49%;33~50厘米的土层含水量分别为23.6%和9.28%;50~60厘米的土层含水量分别为23.57%和8.69%。

2. 促进根系生长、发育　深翻可增加根系的生长量和导根深入。据调查,在同数量的母根上,深翻后第一次发根数量比未深翻的多144%，总长度增加159%；第二次发根数量和总长度是未深翻的13倍和7倍。且根系伸至45厘米深的土层，未深翻的只深入到25厘米的土层。

3. *有利于树势的增强和丰产* 深耕对椪柑枝梢的生长量、叶幕层体积和单株产量都有明显作用。深翻要适时，由于气候条件不同，适于深翻的时间各地不一。如三峡库区产区常有伏旱，椪柑根系生长又以8月份为高峰，故9月份前后深翻较适宜。常遇春干夏旱的地区，也可在早春或夏季进行。翻耕的深度应以土壤性质和椪柑根系分布的状况而定。土层较浅的山地果园，根系多集中于10～40厘米；土层较深的果园，根系分布在20～50厘米范围，耕翻深度可适当加深。成年果园翻耕可稍深；密植果园深翻易伤根宜稍浅。最可靠的办法是在园地翻耕前先调查了解根系分布的状况，再决定翻耕的深度。

深翻的方法可因地形和土质而多种多样。平地和梯（台）面较宽的山地果园，如果株行整齐可用壕沟式深翻；如果株行不整齐，可用环状深翻，从树冠滴水线起，向外挖沟扩穴。底层坚硬或是岩石，影响根系生长的可用爆破深翻。但不论用何种方法深翻，必须尽可能少伤大根，对较大的断根应剪平修整，根系入土不外露，最好结合深翻施农家肥。地下水位高的椪柑园，应及时开沟排水，防止烂根。

（三）园地间作

幼龄椪柑园和未封行的稀植成年椪柑园，可行园地间作。这样既能以园养园，以短养长，增加经济效益，又增强了土壤的管理。间作豆科作物能固氮，增加土壤含氮量；间种矮秆作物、匍匐作物能覆盖土壤，夏季酷暑能降低土温，减少土壤水分蒸发。间作物的残体能增加土壤的有机质。如四川省坡地椪柑园，幼龄树的行间空地有间种食荚大菜豌豆、西瓜、秋无架豇豆的。豌豆、豇豆栽培容易，又是豆科作物，有利于用养结合，培肥土壤；西瓜匍匐生长，覆盖地面，可起降温、保湿和防止土壤流失的作用。以上3种作物都属矮生作物，不易与椪柑争肥争水，不影响椪柑的通风透光。也有用草莓、花生、豌豆间作。草莓产值高，草莓收获结束后，将植株连根拔除作为绿肥，并及时将花生种子播于草莓植株的穴内，以节省劳力、成本，这种间作充分利用果树行间，取得了经济效益，熟化了土壤，减少了杂草生长，又提高了土壤肥力。

值得提出的是，椪柑园间作必须遵循以下原则：一是主次分明。椪柑是主体，间种作物不能影响椪柑的生长发育和产量、品质的提高。二是间种作物的种类可因地制宜，随气候和土壤条件而变，但应不种小麦、玉米和红苕，因这几种作物吸肥力强，对椪柑的生长发育有影响，尤其是肥力较差的椪柑园，间种这些作物，对树体的影响更大。三是间种作物应实行轮作，避免和防止间种作物病虫害对椪柑的影响。

(四)园地中耕和培土

1. 中耕　椪柑园应实行浅耕、除草和疏松表土。热量条件好，雨水充足的椪柑产区，杂草生长快，易消耗土壤养分，且为椪柑病虫提供潜伏场所。除草、浅耕、松土可保肥、保水、促进土壤微生物活动。

2. 培土　培土能增厚土层，提高椪柑园的保肥、保水能力。根据果园土壤性质，培以不同类型的土壤，有利于改善土壤的团粒结构。如黏土培沙土或砂砾土，可改善土壤的黏重。培土多用于土层较薄或土质不适且有土壤来源的椪柑园。对底层板结的果园培土不能改变其板结弊端，土壤黏重、排水不良的园地，土层加厚易引起椪柑树体根颈部和根系腐烂。

(五)覆盖和生草

椪柑园覆盖有如下作用：一是稳定土温，在高温干旱季节可降低地表土温6℃～15℃，能防止高温伤害根系，冬季可提高土温1℃～3℃。二是保护土表不受冲刷，减少土壤的水分蒸发，有利于土壤中微生物的活动，提高土壤肥力。三是有利于减少杂草和促进椪柑根系对土壤中养分的吸收。

覆盖材料，因地制宜，就地取材。我国椪柑园的覆盖材料很多，常用的有稻草、秸秆(玉米秆、麦秸)、甘蔗叶、山草、枝桠等。随着塑料工业的发展，地膜覆盖已开始在椪柑果园应用。如红黄壤椪柑园 3～4 月份覆盖地膜可提高产量 30%～40%。但地膜覆盖连续使用，有导致根系上浮的弊端。

覆盖一年四季均可进行，但以覆盖的目的来确定时间为好。覆盖可全园覆盖，也可只覆盖树盘，一般覆盖距树干 15～20 厘米，覆盖厚度 15～20 厘米，覆盖时应在草上压少量土，以避免火灾和防止被风吹走。平地椪柑园慎用，尤其是全园覆盖，以免造成渍水对椪柑根系生长不利。进行覆盖的丘陵山地果园，在雨水多的季节，须整理好排水沟，防止覆盖引起内涝。

椪柑园内种草或让杂草自然生长，适时翻入土中使其自然腐烂，或用除草剂杀死。浙江南部和四川等地都有椪柑园种草的习惯。浙江南部 6～9 月份椪柑园生长草，可防台风暴雨对土壤的冲刷和稳定土壤根系分布层的温度和湿度，增加土壤有机质，还可减少锈壁虱的为害。四川椪柑产区，有让椪柑园内杂草自然生长，夏、秋轮换翻入土中，冬季翻耕时将铲除的杂草翻入土中的做法。近年有在椪柑园中种白花草的，白花草既作覆盖，又改善椪柑园小气候条件。椪柑园种白花草与不种的相比，树冠温度低 5℃～7℃，相对湿度提高 5%左右；而且肥效显著，还有抑制柑橘红蜘蛛为害的作用。白花草植株含氮、磷、钾等多种营养元素。据试验，一般2～3 个月(尤以夏季生长最快)，每 667 平方米可收白花草 1 500～2 000千克，翻埋入土相当于每 667 平方米增施 27.5 千克标准氮、12.5 千克过磷酸钙和 22 千克硫酸钾。白花草有利于螨类的天敌钝绥螨的生育，其花粉是红蜘蛛天敌的理想饲料，所以白花草可抑制柑橘螨类为害。

白花草易栽培，3 月份播种，每 667 平方米用种量 0.5 千克，播后 5～7 天即发芽。幼苗可移栽，茎可扦插。生长快，苗高 60～70 厘米时即可收割压埋作绿肥，每次收割时应留桩 16～20 厘米，保证以后有足够的陆续成熟的种子自然散落土中，达到1次播种，多年收获。

（六）水土保持和防止土壤老化

梯地和坡地椪柑园，尤其是幼龄果园，由于土壤裸露面大，梯壁刚建不结实和无护壁草，易遭冲垮，导致水土流失，所以应及时修复，并种上护壁绿肥，如紫穗槐、山毛豆等。平地和海涂椪柑园，须及时除去深沟中的淤泥，疏通沟道，避免沟壁塌垮。

防止椪柑园土壤老化，是果树连年丰产的重要条件。坡度大，水土保持差；耕作不善，造成土壤流失；长期使用酸性化肥、农药和除草剂等，都会使土壤酸化；聚积对椪柑有害的离子和病菌，使土壤老化。防止的方法是：梯地、梯壁种护坡草，园内间种绿肥，夏季树盘覆盖，多施农家肥，合理施用化肥，酸性、中性土少施如硫酸铵类的生理酸性化肥，以免加重土壤酸化。

三、不同立地条件椪柑园的土壤管理

（一）山地椪柑园的土壤管理

山地椪柑园多缺乏水源，易发生干旱；如不是等高水平梯地，会因地面倾斜，水土流失严重；土层深浅不一，土壤差异性较大。因此，山地椪柑园土壤的管理重点是抓好水土保持工作，深施农家肥，改善土壤的结构和性能，为椪柑创造一个良好的、有较强保水保肥能力的土壤环境。具体管理措施有以下几个方面。

1. *酸性土壤施用石灰，以降低土壤的酸度*　一般在春肥前半个月左右全园撒施石灰，并在10厘米左右的范围内翻耕土壤，使石灰和土壤混匀。

2. *种植绿肥*　绿肥含有丰富的养分，椪柑园种绿肥，以园养园，增加土壤肥力，改善土壤团粒结构。

3. *深耕施农家肥*　深耕结合施农家肥，可使椪柑园底层土壤疏松，改善水、肥、气、热条件和土壤通透性，有利于团粒结构形成。

4. 培客土，改良土壤　根据椪柑园的土质和客土来源培客土。如黏性土客沙性土，沙性土客黏性土。客土通常在施采果肥后的冬闲期间进行。客土量以树的大小和土质而定，一般每株75～125千克，铺摊于树盘上。客土冬季还起保暖抗冻的作用。

5. 中耕除草，覆盖树盘　适时中耕除草，防止土壤水分蒸发，促进有机质分解。覆盖树盘，雨季可防止土壤冲刷；旱季可防止土壤干旱，冬季可保暖。覆盖物埋入土中可作有机肥。

（二）平地椪柑园的土壤管理

平地椪柑园由于地势低，地下水位较高，下雨时易积水，影响根系的呼吸和对土壤养分的吸收，严重时还会烂根。所以平地椪柑园土壤管理的重要内容是开沟排水，降低地下水位。一般丰产园要求能灌能排，地下水位在1米以下。深翻结合施农家肥，可几年进行1次，既可避免根际土壤环境的恶化，又可更新椪柑根系。深耕可在夏秋椪柑壮果、抽生秋梢之前或冬闲进行，即地上部停止生长，地下部开始生长之时进行，以利于根系更新。但深耕切忌损伤主根和大根。此外，中耕除草，覆盖树盘，种植绿肥，培土清园等，也是椪柑园土壤管理的重要内容，均应及时进行。

（三）海涂椪柑园的土壤管理

海涂地是泥沙随江河入海，由海水回流沉积而成，具有盐分高、碱度大、地下水位高、土壤结构差和肥力低等弊端，因此，海涂椪柑园的土壤管理应抓好以下几方面。

1. 深沟高畦，洗盐排碱　椪柑根系的生长达到地下水位时，易受盐害；干旱季节，地下水因蒸腾上升，表土返盐，也会危害椪柑生长。故须采取深沟高畦，洗盐排碱的措施。沟的深度取决于地下水位的高低，但至少应保持1米左右的有效根际层。筑墩时，应考虑墩的高度和果园开沟的深度，以防给开沟增加难度。加深畦沟后，围沟及支沟等排水系统应保证排水畅通。

2. 种植绿肥，改良土壤　1～2年生幼龄椪柑园，可在墩的周围冬种苜蓿或蚕豆，夏种绿豆或田菁。冬季绿肥3～4月份收割，埋入墩中或畦内;夏季绿肥 7～8 月份收割,将其覆盖地面,可起防止水分蒸发、防止返盐的作用。这样连续种植数年,可提高土壤有机质,加速脱盐,改良土壤。

3. 深翻深施,破除“咸隔” 海涂地底层常有一层坚实而紧密的含盐极高的隔泥层,被称为“咸隔”。这是由于上层土壤的盐分,在自然淋洗向下渗透时,遇到黏性不透水的土层,盐分累积而形成的。深翻深施能够破除“咸隔”。具体做法是:开一条沟,将土翻出,到隔层时将其松动换土或逐层拌和农家肥后,将其上的土层依次逐层翻入,紧实的隔层被换土或拌和有机质后,有利盐分向下淋洗,以加快土壤的洗盐养淡。

4. 覆盖 同其他立地条件的椪柑园相比,海涂椪柑园覆盖还有防止返盐的作用。

5. 培土压盐 加培客土,以淡压盐。

6. 施用硫黄或石膏,降低土壤的酸碱度 每年春季,株施硫黄 1.5～2 千克或石膏 2.5 千克,可单独撒施,也可与农家肥配合施用,但必须与土壤混匀。

第九章　椪柑的肥料管理

椪柑是多年生的常绿果树，树体生长旺盛，除利用叶片进行光合作用制造的大量有机营养外，还要由根系从土壤中吸取大量营养。营养是椪柑生长、发育、产量和品质的基础。根据椪柑所需的营养，进行科学施肥，才能达到优质、丰产、稳产的目的。

一、椪柑所需的营养元素及其功能

椪柑在整个生长发育过程中，需要30多种营养元素。其中有大量元素氮、磷、钾、钙、镁、硫6种；需要的微量元素主要有硼、锌、锰、铁、铜、钼等。椪柑所需的大量元素和微量元素，在数量上有多有少，但都不可缺少；在生理代谢功能上，不可互相替代，如果某一种营养元素缺乏或过量，都会引起椪柑营养失调。栽培椪柑就是通过调节树体营养平衡来达到树势健壮，优质高产的目的。

各种营养元素在树体内相互影响、相互制约，即某一种元素的增减，会引起另一种或几种元素的变化。反映在植株上，就是影响树势、产量和果实品质。

(一)氮

是蛋白质、酶和在光合作用中起重要作用的叶绿素的组成成分。氮素不足，导致树势衰弱，甚至形成“小老树”，叶片发黄、脱落，产量锐减；氮过量会抑制根细胞发生，使根系生长不良，枝梢徒长，果实成熟延迟，品质变差。

(二)磷

是核酸、磷脂和酶的重要组成成分，在光合作用、呼吸作用和生殖器官(如果实、种子)形成中起重要作用。磷不足，根和枝、叶生长不良，叶片狭小无光泽，引起早期落叶，果皮粗糙，汁少酸高，品质变劣；磷过多，影响根系对铁、锌、铜的吸收。

（三）钾

与光合作用进行及碳水化合物合成、转化、运输等关系密切。缺钾使蛋白质合成受阻，枝梢徒长，果小早黄；钾过多，抑制枝梢生长，树体矮小，果实皮粗汁少。

（四）钙

对磷酸酶有激活作用，是细胞果胶物质的主要组成成分。适量的钙可调节土壤酸碱度，促进土壤微生物活动和有机质分解而释放各种元素。严重缺钙造成烂根，叶面大块黄化，果小畸形；钙过量，果实变小，着色不良，成熟延迟。

（五）镁

是叶绿素的组成核心，也是酶的激活物质。缺镁使树体衰弱，落叶枯枝，光合作用减弱；镁过多，影响叶片的呼吸作用。

（六）硫

能促进叶绿素的形成。缺硫会引起叶片缺绿和使蛋白质合成受阻，从而导致树势衰弱，枝梢丛生，新叶淡黄至黄色。

（七）铁

是构成许多氧化酶的重要元素，对叶绿素的形成有促进作用。缺铁影响叶绿素的形成，使叶肉淡黄，形成极细小的网状花纹，严重时枝梢生长衰弱，叶片白化而脱落，果实味淡质差。

（八）硼

能促进碳水化合物的运转，促进花粉的发育和花粉管的伸长。缺硼会引起叶片卷曲，落蕾、落果严重，果小而畸形，果皮厚而硬，果心出现流胶现象，种子发育不全；硼过多会诱发缺钙，果实酸含量和维生素 C 含量下降。

（九）锌

是某些酶的组成成分。缺锌会使枝梢生长受阻，节间变短，枝梢丛生，叶窄而小，形成黄绿相间的花叶，甚至整片叶呈淡黄色，果实少汁，酸含量与维生素C含量下降；锌过多，诱发缺铁，根部出现毒性反应，先端膨大，根变得粗短，生长停止。

（十）锰

是某些酶的活化剂，能提高叶片的呼吸强度，促进碳素的同化作用，并与叶绿素的合成有关。缺锰严重时叶片变褐色，引起落叶，果皮色淡发黄，果实变软。

（十一）铜

是某些酶的组成成分，与叶绿素的合成有关。缺铜有时会使叶片变为畸形，形成网状花纹叶，幼果皮、中轴和嫩枝出现流胶现象，幼果淡绿色，易落果，果皮厚，味淡质差；铜过多，抑制铁的吸收，细根肿大，停止生长。

（十二）钼

是还原酶的组成成分，与氮素代谢有关。缺钼会引起树体内硝酸盐的积累，使构成蛋白质的氨基酸形成受阻。缺钼时叶片出现长圆形黄斑，即“黄斑病”，叶尖及叶缘两边焦枯，嫩叶内卷。

上述氮、磷、钾、钙、镁、硫等大量元素和铁、硼、锌、锰、铜、钼等微量元素以何种含量对椪柑为适宜，国内外有不少试验，目前可供参考的椪柑叶片营养诊断标准，参见表9-3。各种营养元素适量、缺乏或过量对椪柑生长发育的影响，见表9-1。

表9-1 各种营养元素对椪柑生长发育的影响

元素	缺乏	适量	过量
氮	1. 叶小，平坦，整个叶片变黄绿 2. 枝短瘦，树势衰弱，严重时外围枝梢枯死，较轻时内膛多枯枝 3. 花多，多无叶花，坐果率低 4. 果小，皮光滑，色艳	1. 枝叶繁茂，叶浓绿，内卷，枝粗圆 2. 有叶花枝增加，坐果率较高 3. 果大，产量高，品质较佳	1. 枝叶茂盛，叶浓绿肥厚 2. 夏、秋梢量多，粗长，有时不够充实 3. 果大，着色延迟，味酸，不耐贮藏 4. 根系发育较差

续表 9-1

元素	缺 乏	适 量	过 量
磷	1. 老叶由深绿色变成淡绿色至青铜色，叶少、变小，严重时产生焦枯 2. 花量较少 3. 果皮较粗，味酸，采前落果严重 4. 根系生长不良	1. 枝梢充实 2. 花量增加 3. 果色和品质均较佳，较耐贮藏	引起铁、锌和铜的缺乏症
钾	1. 叶小，绿色，沿中肋皱折 2. 枝梢枯死，常丛生 3. 易受冻害和旱害 4. 果小，皮薄而光滑	1. 果大，促进成熟，提高贮藏性 2. 树势健壮，抗病、抗逆性增强	1. 果大，皮厚 2. 引起钙和镁的缺乏
钙	1. 叶片从边缘开始褪绿，后扩展至叶脉间，叶黄区域发生枯腐的小斑点 2. 枝梢从顶端向下死亡 3. 果小，畸形，汁胞皱缩	可以减少过量的铜、锰危害	1. 果皮厚、粗 2. 引起铁、锰、硼的缺乏
镁	1. 成熟叶片与中脉平行的地方开始褪绿，再扩展开来，但基部常保持绿色，严重时落叶 2. 枯枝 3. 易受冻害 4. 果味淡，果肉色淡		
铁	1. 新生叶片薄，叶肉呈黄白色，明显地呈极细的绿色网状脉 2. 枯梢 3. 果色淡，味淡		

续表 9-1

元素	缺乏	适量	过量
硼	1. 新叶叶柄有水渍状小斑点,呈半透明 2. 梢枯和丛生 3. 落花、落果严重,成熟果畸形,果心有胶状物 4. 引起钙的缺乏		
钼	1. 叶片上发生黄斑,早春叶脉间出现水渍状病斑,夏、秋梢叶面分泌树脂状物,斑块坏死、开裂或孔状,严重时落叶 2. 果实出现不规则褐斑		1. 引起铁的缺乏 2. 根变粗而短,先端肿大,停止生长
铜	1. 叶片较大,畸形,深绿色。中脉向上弯曲 2. 新梢丛生,叶片脱落,然后枯梢,枝条流胶 3. 花多,坐果多,但易早落。果皮有胶状物 4. 引起锌的缺乏		同钼的过量
锌	1. 幼叶现绿色的网状脉,叶小,尖平,向上生长。成熟叶片沿中脉及侧脉附近的叶肉呈绿色,其余部分呈淡绿、绿黄或黄白色 2. 枝梢短细 3. 果小,皮厚,汁少,味淡		

续表 9-1

元素	缺 乏	适 量	过 量
锰	1. 幼叶现绿色的网状脉，叶片大小正常（这和锌的缺乏是不同的） 2. 果皮变软		
硫	1. 新叶黄化，尤以叶片小的叶脉较黄 2. 新梢短弱、丛生 3. 果畸形，果皮厚，汁胞皱缩而干燥		

二、椪柑的肥料管理技术

椪柑的栽培，应充分满足椪柑对各种营养元素的需求，提倡多施有机肥，合理施用化肥，通过叶片营养诊断进行配方施肥。椪柑所用的肥料应是农业行政主管部门登记或免于登记的肥料，限制使用含氯化肥。

（一）肥料种类

用于椪柑栽培的肥料分有机肥和无机肥，还有复合肥以及微生物肥料。

1. 有机肥 包括人、畜、禽粪尿以及厩肥、饼肥、堆肥、绿肥、沤肥、泥肥、沼气液肥和果渣肥等肥料。通常有机肥不能直接被椪柑利用，但施入土壤经微生物分解，产生形态简单的各种无机化合物，释放出各种有效态的养分，可为椪柑吸收，同时还产生腐殖质。腐殖质是土壤的重要组成部分，它是一种有机胶体，含有碳、氢、氧、氮、磷、硫、钙、镁、钾等各种元素。它在土壤中与无机胶体结合成为有机、无机胶体混合物。土壤中腐殖质含量多少是土壤肥力高低的重要标志。

(1)人粪尿　人粪尿含有较高的氮，有机质含量丰富，但磷、钾较少。新鲜人粪尿不但不能直接为椪柑吸收，而且还会发生毒害作用，因此，用作追肥时要经沤制。红壤土中长期施用会使土壤中的石灰变成氯化钙流失，使土壤酸度增加。

(2)家畜粪尿与厩肥　家畜粪尿有机质含量高，通常氮、钾含量高，磷较少，尤其适合结果前的幼树施用。猪粪尿肥效持续时间长，常称暖性肥料；牛粪腐熟较慢，属冷性肥料；鸡粪中氮、磷、钾的含量是畜禽粪中含量较高的一种，性较烈，需经堆沤才可施用。生产上最好把上述几种肥料制成厩肥，也可将畜、禽粪与人粪尿混沤为水肥。厩肥分解缓慢，肥效持久，施后可改善土壤理化性状，增加土壤保肥、保水能力。尤其适合作椪柑的越冬基肥。

(3)饼肥　属完全肥料，含氮、磷、钾比例适当，还含有其他成分，系椪柑最好的肥料。饼肥有花生饼、桐子饼、茶籽饼、菜籽饼和大豆饼等。花生饼、菜籽饼肥效较快，其余的较迟。饼肥常用作基肥，用作追肥应粉碎或发酵后施用。

(4)堆肥　堆肥是由作物残体、杂草、草皮泥、垃圾、绿肥、石灰、人粪尿等经高温发酵堆制而成，是良好的有机肥料。

(5)绿肥　绿肥是椪柑果园改良土壤，培肥地力的主要肥源，含有丰富的有机质。绿肥作物有冬季和夏季绿肥作物之分。

2. 无机肥　无机肥也称化学肥料，种类多，其成分通常是铵、钾、钙、钠等盐基和硝酸、磷酸、碳酸或氯等酸根化合而成的各种无机盐类。有氮肥、磷肥、钾肥、钙肥、镁肥和微量元素肥(微肥)等。

无机肥易溶于水或弱酸，易被椪柑吸收利用，可提供速效性的氮、磷、钾，肥效快，使用方便。但施用不当会影响植株生长，使土壤板结、变酸或变碱。

(1)尿素　尿素含氮量46%，中性，易溶于水，施入土中转化为碳酸铵，常作追肥用。一般土温10℃时，尿素转化为碳酸铵需7～10天，20℃时需4～5天，30℃时只需2～3天即分解完。对土壤无副作用，但因其吸收后生成的副成分碳酸对根系生长不利，因此不能深施。

(2)硫酸铵　硫酸铵含氮20%，酸性，易溶于水，施后为土壤胶体所吸附或铵离子很快被吸收，宜作追肥。施用过量变成硝态氮过多易流失。长期使用会使土壤酸化，对酸性土壤避免多用、连用。施用时注意不能与石灰、草木灰、钙镁磷肥、石灰氮等碱性肥料混用，以避免氮的损失。

(3)碳酸氢铵　含氮量17%，碱性，性质极不稳定，易挥发出强烈刺鼻、熏眼的浓氨臭味。易溶于水，在水溶液中分解出铵和碳酸根离子，均能被根系吸收，作追肥时一定要开深沟，施后马上盖土。可与过磷酸钙混合使用，但不能与碱性肥混合，不能与根接触，以免氮素损失或造成烂根。

(4)过磷酸钙　含有效磷14%～20%，强酸性，能溶于水。由于施后易与土壤中石灰、铁、铝化合成不溶性物质，因此为发挥其肥效，常与堆肥等有机肥混合施用，用作基肥。

(5)硫酸钾　含氧化钾50%，是生理酸性肥料，易溶于水，施入土壤后钾离子可被根系直接吸收利用，也可被土壤胶体吸附，但连用、多用会使土壤酸化。鉴于椪柑是忌氯作物，一般不施用氯化钾。硫酸钾与堆肥、过磷酸钙混合施用效果更好。

3. 复合肥　凡含有氮、磷、钾三要素中2种或2种以上的肥料称复合肥。有化学合成的复合肥(如磷酸铵、磷酸二氢钾等)、配合复合肥(包括缓效复合肥)、混成复合肥(包括有机-无机复合肥)。其施用省工，肥料接触土壤面小，肥效长，且含2～3种元素，十分有利于椪柑生长。

4. 微生物肥料　是以特定的微生物菌种培养生产的含活的微生物的肥料。如根瘤菌(剂)肥料、固氮菌(剂)肥料、磷细菌(剂)肥料、抗生菌(剂)肥料等。

此外，随着椪柑产业和肥料工业的发展，微量元素肥料(微肥)有着重要的作用，有的椪柑园，微肥阻碍了生产和发展，如椪柑花而不实，主要是缺硼；红壤椪柑园缺锌，造成树势严重衰弱，落花落果；紫色土丘陵山地椪柑园普遍缺铁，出现植株黄化等，都需要有针对性地施用微肥来解决。

(二)施肥原则

椪柑施肥应根据品种(品系)、砧木、土壤、气候、肥料种类和栽植密度等，做到经济、科学施肥。

1. *看树施肥* 按不同的品种(品系)、砧木、树龄、生育期、树势强弱以及不同缺素症等科学合理施肥。

2. *看气候施肥* 由于气温、雨量等气候因素，不仅直接影响椪柑根系吸收养分的能力，而且对土壤有机质的分解和养分形态的转化以及土壤微生物的活动均有较大的影响，因此，应结合气候(看天)条件合理施肥。

3. *看土施肥* 即根据椪柑栽培的土壤类型、质地、结构、水分条件、土壤有机质含量、土壤酸碱度和土壤熟化程度等，因土制宜，合理施肥。

4. *经济施肥* 即以最低的肥料成本，获得最佳的经济效益。目前最有效的方法是以叶片营养诊断为主，结合土壤营养诊断结果所采取的配方施肥。

5. *施肥与其他栽培措施结合* 椪柑的优质丰产是综合栽培措施的结果。因此，施肥应与熟化改良培肥土壤、耕作、灌溉、整形修剪、保花保果和病虫害防治等措施相结合。

(三)施肥时期

椪柑树龄不同，物候期不同，施肥的时期也有差异。

1. *幼树* 1～3 年生的未结果幼龄树，施肥目的是促进枝梢的速生快长，培养健壮的枝干和良好的骨架，迅速扩大树冠，为早结果和丰产打下基础。因此，施肥以勤施薄施，梢前梢后多施为原则。幼树施肥应以氮肥为主，其次是钾肥，再次是磷肥。椪柑苗定植 1 个月后新根开始活动，可开始施稀薄粪尿水或氮肥稀薄液。每次新梢生长前 10～15 天和新根停止生长后各施 1 次速效肥，使幼树 1 年抽生 3 次至 4 次(南亚热带区)健壮的枝梢。若要使 3 年生树始花结果,应重施壮梢肥,促使作为结果母枝的秋梢多而健壮,秋梢老熟后,于10～11月份喷施0.3%的磷酸二氢钾,以促进花芽分化。

2. 初结果树 3～4年生或4～5年生的初结果树,通常以秋前、冬季重施,春肥看花施,夏肥不施为原则,即11月下旬起施采后肥,贮备春梢所需的养分,肥料以迟效肥为主。春梢(2月份)前的春肥,若树势好,又是初结果树,不宜早施、重施,可在开花期视花量施肥,花多则多施,花少则少施或不施。通常5～6月份不施肥,以控制因夏梢抽生,而导致落果。秋前重施肥,以促发秋梢,肥料以速效肥为主。8～10月份施1～2次速效肥,以壮梢、壮果。

3. 成年结果树 此时的椪柑树,既要促进树冠扩大,又要保持营养生长与生殖生长平衡,并使此时期尽可能地长,从而达到优质、丰产稳产。成年结果树通常1年施4次肥,即花前肥、稳果肥、壮果肥和采后肥。

(1)花前肥 此时椪柑既要抽发春梢,又要开花。春梢质量和花质好坏直接影响当年产量,春梢质量好坏,还会影响翌年产量。花前肥在2月下旬至3月上旬施用,肥料以速效肥为主,配合施农家肥。施肥量占全年总施肥量的30%。

(2)稳果肥 施肥目的是提高坐果率,控制夏梢抽生。为此,一般5～6月份尽量少施或不施氮肥,且通常不进行土壤施肥,而是与保果结合,喷布0.3%尿素或0.3%磷酸二氢钾,15天1次,通常喷2次。施肥量占全年总施肥量的5%。

(3)壮果肥 此时系果实膨大、抽发秋梢、进行花芽分化的重要时期,为使果壮、秋梢质量好、花芽分化良好,宜在7月上旬至8月上旬重施肥料。肥料以速效肥为主,结合施有机肥,施肥量占全年总施肥量的35%。

(4)采后肥 为恢复树势,继续促进花芽分化,充实结果母枝,提高越冬能力,为翌年丰产打下基础,采后(也有提早在采前施)及时、重施基肥,肥料以有机肥为主,施肥量占全年总施肥量的30%左右。

(四)施 肥 量

椪柑的施肥量分根际施肥量和叶面施肥量2种。

1. 根际施肥量　受椪柑品种、树龄、结果量、树势、根系吸收能力、土壤供肥状况、肥料特性以及气候等综合因素的影响。1～3年生椪柑幼树，以氮肥为主，单株年施纯氮100～400克，氮、磷、钾比例以1∶(0.25～0.3)∶0.5为宜。

结果树理论施肥量的计算方法的公式是：

$$施肥量=\frac{吸收量-土壤自然供肥量}{肥料利用率}$$

但实际施肥量往往和理论施肥量的值有差异，按NY/T 5015要求以产果100千克施纯氮0.6～0.8千克，氮、磷、钾比例以1∶(0.4～0.5)∶(0.8～1)为宜。生产上可将理论施肥量与当地丰产园的施肥量作比较，并参照树势及产量等制定出施肥标准。

2. 叶面施肥(根外追肥)量　常作叶面施肥的氮肥有尿素、硫酸铵、硝酸铵，以尿素为好，但要求缩二脲含量在0.25%以下，否则喷施后会产生叶尖发黄的肥害。磷、钾肥有过磷酸钙、磷酸二氢钾、硫酸钾、硝酸钾等。微肥有钼酸铵、硫酸亚铁、硫酸钾、硫酸镁、硼酸、硼砂等。叶面施肥喷布浓度，见表9-2。

表9-2　叶面施肥(根外追肥)溶液浓度

肥料种类	喷施浓度(%)	肥料种类	喷施浓度(%)
尿素	0.3～0.5	钼酸铵	0.05～0.1
硫酸铵	0.3	硫酸亚铁	0.1～0.2
硝酸铵	0.3	硫酸锌	0.1～0.3
过磷酸钙浸出液	0.5～1	硫酸锰	0.1～0.3
草木灰浸出液	1～3	硫酸铜	0.01～0.05
硫酸钾	0.3～0.5	硫酸镁	0.1～0.2
高效复合肥	0.2～0.3	硼砂	0.1～0.2
磷酸二氢钾	0.2～0.3	硼酸	0.1～0.2

(五)施肥方法

椪柑施肥有土壤施肥和叶面施肥(根外追肥)2 种,由于根系是吸收养分的主要器官,因此椪柑以土壤施肥为主。椪柑根系主要分布在 40～80 厘米深处,施肥的位置应在树冠滴水线外,不能在主干下近主根处,见图 9-1。

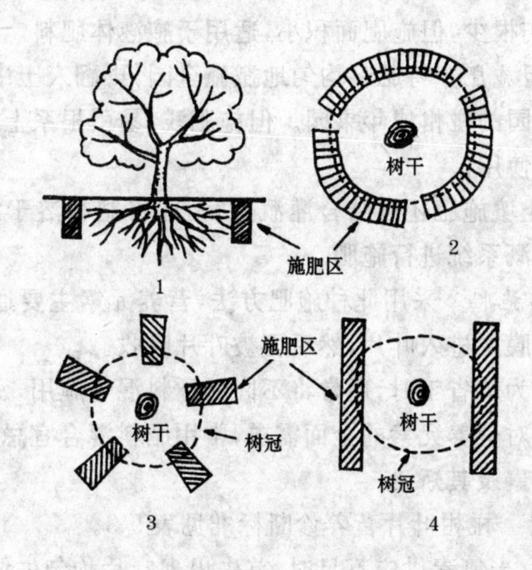

图 9-1　施肥位置示意

1. 施于滴水线下的土内　2. 环状沟施

3. 放射状沟施　4. 条状沟施

1. 土壤施肥　土壤施肥有以下几种方法。

(1)环状沟施肥　按树冠大小,以主干为中心,在树冠外缘附近开环状沟,沟的深浅依据根系分布深浅而定,一般深 20～30 厘米,宽 30 厘米。环状施肥的优点是省肥、简便易行,但面积小,易伤根,常用于幼树施肥。

(2)放射状施肥　根据树冠大小,在树盘内挖 4～6 条放射状沟,沟宽 30 厘米左右,靠近主干处宜浅,向外渐深。此法伤根少,隔年或隔次变更施肥部位,以扩大施肥面积。

(3)条状沟施肥　即在树的行间或株间开条状沟，深、宽各30厘米左右，施肥后覆土填平。分年在行间、株间轮换开沟，适用于成年椪柑园，尤其是封行的椪柑园施肥。

(4)穴状施肥　在树冠外缘均匀地挖穴4～8个，穴深20～30厘米，直径约30厘米，肥料施入穴内，等渗下后再覆土。穴状施肥方法简单，伤根少，但施肥面积小，适用于施液体肥料。

(5)全园施肥　将肥料均匀地撒施全园，再翻入土中。适用于根系布满全园的椪柑成年果园。但施肥浅，易引根系上浮，应与其他方法交替使用。

此外，土壤施肥还可结合灌溉进行，即将肥料溶于灌溉水中，然后通过灌溉系统进行施肥。

2. 叶面施肥　采用此种施肥方法，营养元素主要通过叶片上的气孔和角膜层进入叶片，然后再被叶片吸收。

施肥时为节省工时，通常将不同的肥料混合施用，及时满足椪柑生长发育对营养元素的全面需求，常用肥料混合宜忌见图9-2。

(六)缺素及其矫治

1. 缺素　椪柑叶片营养诊断标准见表9-3。

(1)氮　当氮素供应不足时，首先出现叶片均匀失绿、变黄、无光泽。但缺氮出现的时期不同，症状也会有差异。如在叶片转绿后缺氮，其症状是先引起叶脉黄化，此症状秋、冬出现较多。严重缺氮时，黄化加剧，顶部形成黄色叶簇，基部叶片过早脱落，出现枯枝，造成树体衰退。

(2)磷　缺磷使新梢生长细弱，叶色失去光泽，严重时呈古铜色或暗绿色，叶尖端或其他部位发生枯焦，成熟叶易过早脱落，尤其在花期仍严重落叶，花芽分化不正常；缺磷果实表面粗糙，果皮增厚，果心大，果汁少，果渣多，酸高糖低，且常出现严重的采前落果。

(3)钾　缺钾初期叶片卷曲，叶绿素衰败叶片呈古铜色，叶脉黄白或局部变黄，甚至发生黄斑，花期落叶严重；侧枝丛生，新梢极衰弱;果小皮薄,易裂果,落果严重,着色早,不耐贮藏,抗逆性差,炭疽病易发生。

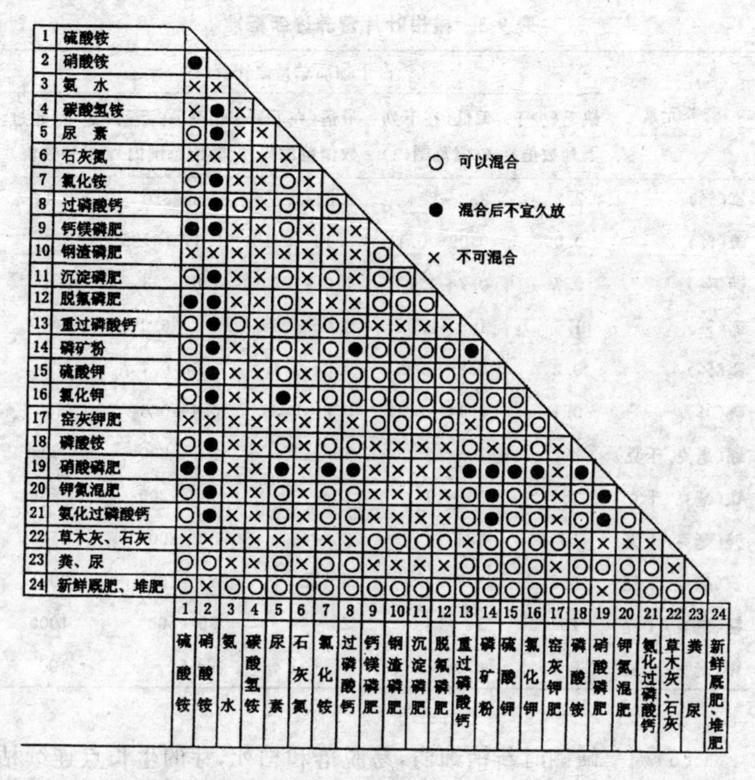

图 9-2 常用肥料混合宜忌

(4)钙 缺钙根系生长停滞,根对土壤缺氧尤其敏感,不耐湿,易烂根。枝梢从顶端开始枯死,新梢短弱而早枯,先端成为丛芽,新叶小。因过磷酸钙、石硫合剂、波尔多液等含大量的钙,通常椪柑园不缺钙。

(5)镁 镁缺乏引起失绿,通常在叶脉间或沿主脉两侧显现黄色斑块或黄点,从叶缘向内褪色,严重时在叶基残留界线明显的倒

"V"形绿区，在老叶侧脉或主脉上，常出现类似缺硼症的肿大和木栓化，果实变小，隔年结果严重。

表 9-3　椪柑叶片营养诊断标准

营养元素	占干物质总量之比例				
	缺乏（少于下列数值）	偏低（在下列数值范围内）	最适（在下列数值范围内）	偏高（在下列数值范围内）	过量（超过下列数值）
氮（%）	2.2	2.2～2.4	2.5～2.7	2.8～3.0	3.1
磷（%）	0.09	0.09～0.11	0.12～0.16	0.17～0.29	0.3
钾（%）	0.7	0.7～1.1	1.2～1.7	1.8～2.3	2.4
钙（%）	1.5	1.5～2.9	3.0～4.5	4.6～6.0	7.0
镁（%）	0.2	0.2～0.29	0.3～0.49	0.5～0.7	0.8
硫（%）	0.14	0.14～0.19	0.2～0.39	0.4～0.6	0.7
硼（毫克/千克）	20	20～35	36～100	101～200	260
铁（毫克/千克）	35	35～49	50～120	130～200	250
锌（毫克/千克）	18	18～24	25～49	50～200	250
铜（毫克/千克）	3.6	3.7～4.9	5～12	13～19	20
锰（毫克/千克）	18	18～24	25～49	50～500	1000
钼（毫克/千克）	0.05	0.06～0.09	0.1～1	2～50	100

（6）硼　缺硼时新梢细弱，易脱落和枯死，芽的生长点连续枯死且形成丛芽。枝梢叶片向后弯曲，叶脉肿胀木栓化或破裂，春季老叶大量脱落，果小畸形，皮厚而硬，果肉及白皮层均有褐色的胶状物质，种子发育不良，树干出现流胶。

（7）锌　缺锌时出现斑驳小叶，新叶转绿时，主脉和侧脉呈绿色，其余组织呈浅绿以至黄绿色，严重时仅主脉附近绿色。新梢节间短，丛枝，多枯枝。细根大量死亡，退化花多，落蕾多，坐果率低，果小，皮光滑，色浅，果肉木栓化，风味差。

（8）铁　缺铁在嫩叶时先出现，表现叶片失绿，大小叶脉保持绿色，而叶肉呈淡黄绿色，界线分明，呈网纹状。严重时叶片变小，完全呈黄白色，并出现褐色斑块，末端小枝易枯死，果小味淡，产量锐减。

(9)锰　缺锰时，幼叶呈绿色的网状脉，侧脉之间褪绿呈现暗绿色或黄绿色，无光泽，但叶片大小正常。果实变小，果皮变软，果色淡，风味差。

(10)钼　缺钼叶面产生黄斑，叶背流胶，严重时叶片落光，树势极衰，产量低。

(11)铜　缺铜时，初期新梢细软略弯曲，叶大色深，严重时枝梢先端呈茶褐色而枯死。短弱丛枝多，易干枯早落及裂皮流胶；结果少，果小皮硬易裂，果梗附近呈红褐色斑，果心及种子附近有胶状物。

2. 矫治　椪柑缺乏氮、磷、钾、钙、镁、硼等营养元素时，均易于用施肥来矫治。通常重视施用有机肥的椪柑园，均不易发生这些元素的缺乏，同时还有缓和铁、锰缺乏之作用。酸性红壤土中的铁、铝离子会将磷酸离子固定，故磷肥应与有机肥混合后混施。缺钾可用1%～3%草木灰浸出液或0.5%的硝酸钾、硫酸钾或0.2%的磷酸二氢钾进行叶面施肥。缺镁可在土壤中施钙镁磷肥，也可在新梢抽发前叶面喷施0.1%～0.2%的硫酸镁。喷施0.1%～0.2%的硼砂、硼酸可矫治缺硼。碱性或石灰性土壤，pH值高，使铁的有效性下降，导致植株叶片缺铁黄化，矫治的方法是作选择香橙、红橘等砧木靠接取代枳砧最有效，或是土施螯合铁(Fe-EDTA)，或叶面喷施0.2%柠檬酸铁或亚硫酸铁，或用叶绿灵矫治。

第十章 椪柑水分管理

作为东亚橘中之王的椪柑树，种植地必须有充足的水源，特别是年降水量在1 000毫米以下的地区，水分更显重要，甚至有时水分会成为椪柑种植的限制因素。

一、水分的重要作用

(一)生理作用

水分是椪柑生长发育的基础，是进行生命活动的必要条件。树体通过根系的吸收作用和叶片、嫩梢的蒸腾作用，保持树体水分的平衡。水分供应不足，生长发育缓慢、停滞，甚至导致树体死亡。水分的生理作用主要有：第一，水分是椪柑果树的重要组成部分，枝、叶和根系中的含水量为50%～60%，果实的含水量为80%～90%，幼嫩组织的含水量为90%以上。由于椪柑树体细胞和组织含有大量的水分，才使细胞和组织保持一定的紧张状态，使枝、叶、花、果和整个植株保持挺立，正常地进行光合作用和气体交换等生理活动。如果缺水，就会出现萎蔫，影响新陈代谢正常进行。第二，椪柑树体内几乎所有的物质都是光合作用的直接或间接产物，而水和二氧化碳是光合作用的原料。第三，水分是椪柑树体内各种物质的溶质和载体，不仅土壤中的养分被根系吸收需要溶解于水，而且叶片进行光合作用制造的养分，也要在水中溶解后被输送到树体的各个部位。总之，如果没有水，各种物质就不能在细胞及细胞间和器官中自由移动，均匀分布。第四，水分是椪柑树体内一切生化反应的介质，树体内所有新陈代谢活动都有水参加。例如水直接参与呼吸作用以及淀粉、蛋白质和脂肪等的水解反应。第五，水是椪柑树体蒸腾的必需物质。通过水分蒸腾达到调节树体温度，使树体温度与环境温度保持平衡，如果失去平衡，树体的蒸腾作用大于根系的吸水量时，叶片和嫩梢会发生萎蔫，影响树体的生长发育。

（二）水分对生长发育的影响

1. 对抽梢的影响　椪柑能否抽发一定数量的健壮枝梢与水分供应是否充分关系极大。水分缺乏时，不仅抽梢的时间大大推迟，而且抽发的枝梢纤弱短小、叶片小、叶数少，抽发参差不齐。但雨水过多会促使枝梢生长过旺，打破营养生长和生殖生长的平衡，造成落花落果严重而使产量锐减。

2. 对开花的影响　花期缺水，椪柑花质量差，开花不整齐，花期延长，甚至造成严重落蕾、落花。伏旱时间过长，往往导致秋花发生，消耗养分，影响花芽分化和翌年的产量。

3. 对果实的影响　果实与水分的关系更为密切。当水分严重不足时，造成叶、果争夺水分，使果实内的水分向叶片倒流，阻碍果实正常生长，使小果明显增多，品质变劣，产量下降。大旱后遇过多的雨水，会使果实脱落，夏、秋不少椪柑产区因气温高，日照强，缺水时会发生“日灼”果。当秋末至冬初果实开始成熟时，适当干旱有利于果实可溶性固形物、糖含量和耐贮性的提高。

4. 对根系的影响　椪柑根系喜湿忌涝，所以保持土壤湿润是根系正常生长的重要条件。椪柑园地下水位过高或土壤水分过多，都会使土壤通气不良，影响根系呼吸和对水分、矿物质营养的吸收，严重时导致根系进行无氧呼吸，而生成酒精、硫化氢等大量有毒物质，使根系腐烂，甚至植株死亡。当冬季根系进入半休眠状态时，如过分干旱，会加大土温的变化，遇上低温寒潮，就会使椪柑受冻，所以有冻害的椪柑产区，寒潮来临之前充分灌水，可减轻冻害。据报道，椪柑根系生长与土壤含氧量关系密切，而土壤中的含氧量与水分呈负相关。含氧量 1.5%以下（土壤渍水时），根系发生腐烂；含氧量 4%以下（水分过多）时不易发生新根；含氧量 8%

以上(水分适宜)时能发大量新根。当然椪柑根系的水害与砧木也有关,枸头橙砧耐涝,橘砧居中,枳砧不耐涝。此外,海涂椪柑园干旱会引起土壤返盐,使椪柑遭受盐害,严重时还会死树。

(三)水分代谢

所谓水分代谢,是指椪柑主要通过叶面的气孔,使叶片细胞内的水分以气体状态不断地蒸发到空气中,即由蒸腾作用不断地消耗水分,然后由根系不断地吸收水分来补偿,以维持水分平衡的整个过程。水分代谢包括水分的吸收、运输和散失,即根系将土壤中的水分吸收以后,马上转运到内部生活细胞,再通过导管运输到地上部分(主要是叶片),然后散失到环境中,这样就完成了整个水分代谢过程。

二、椪柑对水分的吸收及需水量

(一)水分的吸收和运转

椪柑根系能从周围的土壤中吸收水分,其过程如下:首先由根的表皮细胞或根毛吸收后,通过皮层、中柱鞘进入根木质部的导管和管胞内,然后再沿主干、主枝、侧枝的导管和管胞输送到叶片等组织内,除一小部分供给有机物质的制造和贮藏外,大部分水分是通过叶面气孔,以水蒸气的状态蒸腾到大气中去。水分在椪柑树体内不仅沿导管由下而上运输,而且还通过导管的纹孔进入导管周围的薄壁细胞中,再作横向运转,从而使树体各部分细胞和组织均能得到水分。

椪柑从土壤中吸收水分,主要靠须根,而吸水最旺盛的组织是须根的根尖或根毛。根系从土壤中吸水,一是靠根自身代谢为基础的主动吸水;二是以蒸腾作用为基础的被动吸水,它是在叶片蒸腾过程中因失水而产生的巨大吸收力——蒸腾拉力的作用下进行的,这种力量由叶片经导管传到根部,迫使根部从土壤中吸水。椪柑主动吸水与被动吸水相比,被动吸水占主要地位,但在空气湿度大、土壤水分充足时，蒸腾作用弱，此时，主动吸水就占主要地位。根系是椪柑吸水的主要器官，但不是吸水的惟一器官。如喷灌时除根系吸收水分外，叶面也吸收水分。

（二）影响根系吸收水分的因素

椪柑吸收水分，既取决于根系自身生长状况，又受土壤状况的影响，其中以土温和水温的影响较大。当土壤温度在10℃以下或30℃以上时，根系吸水能力就大大降低。温度变化速度对根系吸收水分也有影响，通常急剧降温要比缓慢降温对吸水的影响大。所以要尽量避免高温时间灌水，如中午给椪柑灌水，会急剧减少根系对水分的吸收，使树体失去水分平衡，导致植株萎蔫。

此外，土壤中二氧化碳浓度过高，而氧气缺乏，都影响根系的吸水。过多的二氧化碳会使根系产生毒害，使根系吸水能力降低30%～50%，甚至更严重。土壤溶液的浓度也影响根系吸水，如浓度过高的盐碱地发生盐害和一次性施肥量过多（尤其是化肥）所发生的烧根，都是因土壤溶液浓度太高，不但根系无法吸水，甚至根部水分往外渗透所致。

土壤中的水分不能全部被椪柑植株所利用，这是因为土壤本身有一定的保水力。土壤水分分有效水和无效水，能被根系吸收利用的称有效水；不能被根系吸收利用的称无效水。当土壤中缺少有效水时，如不及时灌溉，则会使椪柑植株受旱，甚至死亡。

（三）需 水 量

椪柑的需水量是指椪柑果树生产1克干物质所需的吸水量（以毫升表示）。不同的椪柑品种需水量不同，一般认为果树的需水量在100～400毫升。温州蜜柑的需水量为290毫升，椪柑较温州蜜柑稍低，约为270毫升。需水量还与空气的湿度、温度、风速、日照、土壤水分和土壤肥力等外界因素有关。空气湿度低、高温、冷风、干风、强日照等均可加速蒸腾，导致需水量增加。

三、灌水与排水

对椪柑园及时、适宜的灌水和排水，有利于椪柑正常生长发育和获得优质、丰产。

(一)测定土壤含水量

土壤含水量是椪柑园土壤灌、排的指标。目前有不少椪柑产区，以树体形态上呈现的缺水或水害现象作为灌水、排水的参考。例如以叶片卷缩、果实皱缩为灌水标准，叶脉发黄时才注意排水，这是不科学的，因为出现这类症状时，已对椪柑树体产生了不良影响。科学的方法是以土壤的含水量来确定灌水或排水。常采用的测定土壤含水量的方法有以下 5 种。

1. *烘箱烘干法*　在椪柑园中选择具有代表性的点，分层(0～20 厘米，21～40 厘米，41～60 厘米)取土样，迅速装入铝盒加盖，做好标记，连同铝盒称重后放入烘箱，在 105℃下烘干 4～8 小时，取出冷却后称重，然后再放入烘箱烘烤 2～3 小时，一直烘到前后两次称重相等时为止。并按下列公式计算土壤含水量。

$$土壤含水量(\%)=\frac{湿土重-烘干土重}{烘干土重}\times 100\%$$

例如：湿土重 100 克，烘干土重 80 克，则

$$土壤的含水量(\%)=\frac{100-80}{80}\times 100\%=25\%。$$

2. *烧焙法*　取 3～5 克土，放入已知重量的铝盒中，加 4～5 毫升酒精焙烧，熄灭冷却，再加入 2 毫升酒精焙烧，反复 3～4 次，即可达恒重，再按上述公式计算含水量。不同质地的土壤，需灌水、排水的土壤含水量也有差异，见表 10-1。

3. *蒸腾法*　因叶片的蒸腾量与根系吸收水分的量大体一致，故测定椪柑叶片的蒸腾量也可作为灌、排水的指标。测定方法是：用薄膜袋套住一定数量的叶片，收集叶片蒸腾的水量，再用此法收

集水分适宜的椪柑叶片的蒸腾量，两者相比如蒸腾量下降 50%，则表明需要灌水。如正常情况下套 1 小枝 10 片叶，1 小时后取下，称得水的蒸腾量为 1 克，干旱季节套 1 小枝 10 片叶，1 小时后取下，称得水的蒸腾量为 0.5 克，恰好比正常情况减少一半，应立即灌水。

表 10-1　柑橘园土壤需要灌水、排水的含水量标准　（%）

土壤质地	需要灌水	需要排水
沙质土	<5	>40
壤质土	<15	>42
黏质土	<25	>45

4. 手测法　取椪柑园深 15～20 厘米的土壤，用手紧握，沙质土，手握不成团，要灌水；壤质土，打碎后，手紧握不成团，要灌水；黏质土，手握后成团，轻轻挤碰发生裂缝，要灌水。

5. 土壤水分张力计测定法　目前用仪器测定水分，较常用的是土壤水分张力计（简称张力计），其构造是：由一个密闭的充满水的管子，尾部装有一个多孔的陶瓷帽头，顶部有紧塞的塞子，塞子旁附着一个真空的测量计器等部分组成，见图 10-1。使用时将管子插入土中，将陶瓷帽插在需要测量土层的位置，塞子和真空计器留在地面，供观察和读数。当土壤干燥时，土壤从张力计中吸收水分，使张力计因减少水分容积而产生部分真空，由此，真空计器上的读数上升。土壤越干燥，土壤从张力计中吸出水分的力越大，使真空计器上的读数上升越多。灌溉后，吸力降低，真

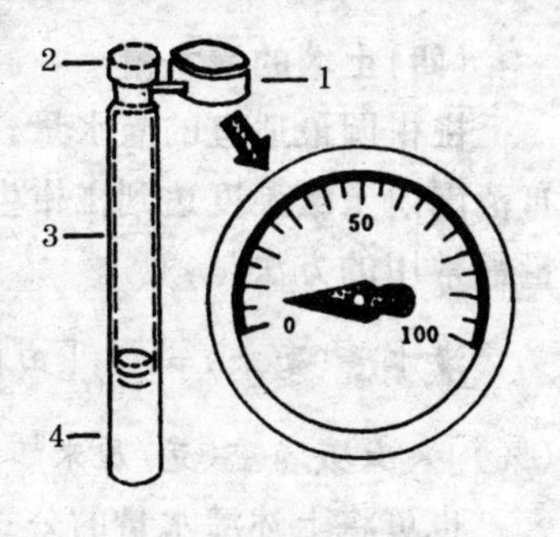

图 10-1　土壤水分张力计

1. 真空计器　2. 塞子
3. 真空管　4. 陶瓷器

空计器上的读数也随之下降。张力计在椪柑园安装后，需要灌溉的读数，因气候、土壤、灌溉方法不同而异，应事先测出参考数据。

（二）测定田间持水量

一般采用田间淹灌方框法。选择椪柑园有代表性的土块，取1平方米的正方形，刮平表土，做高15～20厘米内外两层环状土埂围住，内、外环间距25～30厘米，往1平方米的测区加水，并保持2厘米的水面，水的下渗作用先快后慢，为防止蒸发，用薄膜覆盖，直至水不下渗为止(沙土2天，壤土3～4天，黏土5～7天)，分层测土壤含水量，每天1次，测至前后两天无明显差异，最后一次即为田间持水量。

（三）测定土壤容重

测定土壤容重，常用环刀法。即在典型的椪柑园土块上按土壤剖面层次铲平，用已知容积的环刀垂直压入土内，用小土铲清除环刀四周多余的土块，带土取出环刀，用小刀削平环刀两端，除净环刀表面的泥土，盖紧环刀盖带回室内，取下盖子，放入105℃烘箱中6～8小时，冷却后称重，重复至恒重，按下式计算：

$$\text{土壤容重(克/厘米}^3\text{)}=\frac{\text{烘干土重(克)}}{\text{环刀容积(厘米}^3\text{)}}$$

（四）土壤的灌水量

椪柑园最适宜的灌水量，要求在1次灌水中椪柑植株根系分布范围内土壤湿度达到椪柑生长发育最适的程度。目前计算灌溉量最常用的方法是：

$$\text{灌水量(毫米)}=\frac{1}{100}[\text{田间持水量(\%)}-\text{灌溉前土壤含水量(\%)}]\times\text{土壤容重(克/厘米}^3\text{)}\times\text{根系深度(毫米)}$$

也可将上述灌水量的公式简化为：

$$\text{灌水量(毫米)}=\frac{1}{100}\times 40\%\times\text{田间持水量(\%)}\times\text{土壤容重(克/厘米}^3\text{)}\times\text{根系深度(毫米)}$$

(五)灌水技术

1. 灌水时期　既要考虑椪柑的不同树龄、各物候期对水分的要求，又要根据气候和土壤的实际状况而定。根据椪柑生长的年周期，春季需适量的水，使春梢抽生整齐、健壮，开花正常。夏、秋季正值果实生长期，如遇干旱，会使果实生长受阻，且推迟秋梢抽发，影响当年和翌年产量，故需适时灌水。冬季干旱对恢复树势不利，也应适度灌水。

2. 灌水方法　常用的有以下几种。

(1)沟灌　利用自然水源(水库等)或水泵提水，开沟引水灌溉。这种方法适宜平坝及丘陵台地椪柑园。在椪柑树行间开一大沟，沿树冠滴水线开环状沟，水从大沟流入环状沟，逐株浸灌。丘陵梯地可利用背沟输水。灌后应适时覆土和松土，以减少地面蒸发。

(2)浇灌　在水源不足或幼龄椪柑园和零星栽植的椪柑树，可以挑水浇灌。浇灌方法简便，但费时费工，劳动强度大。为了提高浇灌效果，每 50 升水中加 4～6 勺畜粪水。为防止蒸发，浇灌宜早、晚进行，浇后覆土或覆草更好。

(3)喷灌　是利用机械和动力设备将水射至空中，形成细小水滴来灌溉果园的技术措施。喷灌的优点：一是省水，单位面积上用水量约为地面灌溉的 1/4；二是保土，因喷灌强度(单位时间内喷洒在单位面积上的水量，以毫米/分或厘米/小时表示)可以人为控制，使其不产生地表径流(使灌溉强度不超过土壤的渗吸速度)，可减少土、肥的流失，避免渍水，有利于保护土壤结构；三是调节椪柑园小气候，霜前喷灌可利用湿土热容量防止椪柑受冻，夏季喷灌可降低叶温、土温和气温，避免高温对椪柑的危害；四是经济利用土地，节省劳力，可省去田间灌溉渠道，节省土地，在相同条件下喷灌所需的劳动力为地面灌溉的 1/5～1/4。喷灌投资虽较大，但喷灌的效果好。喷灌有固定式、半固定式和移动式等 3 种。

(4)穴灌　水源较缺乏的小果园，可用节水的穴灌。方法是在树冠滴水线附近挖2～3个穴，穴深25～30厘米，每穴灌水15～30升，填入杂草、作物秸秆等；再在穴四周筑一矮墙，穴口盖一层5～10厘米厚的杂草、秸秆，以便旱时再灌水。旱时每次灌水10～20升，每隔3～7天灌1次，直至旱情解除。

(5)滴灌　就是利用低压管道系统，使灌溉水成滴地、缓慢地、经常不断地湿润根系的一种供水技术。滴灌的优点是省水，可有效防止表面蒸发和深层渗漏，不破坏土壤结构，节约能源，省工，增产效果好。尤以保水差的沙土效果更好。滴灌不受地形地物限制，更适合水源小，地势有起伏的丘陵山地。

使用滴灌时，应在管道的首部安装过滤装置，或建立沉淀池，以免杂质堵塞管道。在山坡地为达到均匀滴水的目的，毛细管一定要沿等高线铺设。为使滴灌正常运转使用，必须注意以下几点：一是安装滴灌的山地柑橘园，坡度应小于25°，地形不宜切割复杂。不然会加大成本，且使用也困难。二是认真培训技术力量，掌握使用滴灌技术和简单的维修技术。三是园区的滴灌设施要统一管理，专人使用。四是果农要自觉维护滴灌设施，使之需用时能用得上。

(六)排　水

排水是将椪柑园土壤中过多的水分排出。排水不仅减少养分损失，而且能改善土壤通透状况，有利于椪柑植株的生长。重庆东部、长江峡区5～6月份多雨，沿海地区7～9月份台风带来暴雨，要注意排水。椪柑园排水的方法有明沟排水和暗管排水。

1. 明沟排水　即在地表间隔一定距离，顺行向挖一定深、宽的沟，进行排水。排水系统的走向根据地貌和地势而定。山地排水系统由拦水沟、蓄水坑和总排水沟等组成；平地果园的排水系统由小区内行间集水沟、小区间支沟和果园干沟组成。如浙江省黄岩橘区，采用排灌并蓄系统，即椪柑园行间开畦沟，深至根层以下20厘米左右，宽50厘米左右；椪柑园周围开支沟，较畦沟深20～30厘米，宽80～100厘米，秋冬季节，在畦沟两端筑拦水埂贮水，使贮水深度在根群以下 5 厘米左右，利用土壤毛细管作用，经常保持根际土壤的必要含水量，并能调节椪柑园的空气湿度和土温。

2. 暗管排水　即在椪柑园安设地下管道，通常由干管、支管和排水管组成。布设的位置与排水明沟相似，适用于土壤透水性较好的椪柑园。暗管埋设的深度和间距，应根据土壤性质、降水量与排水量而定。一般深埋 1～1.5 米，间距 10～30 米。暗管采用无管口套的瓦管或塑料管，每段长 30～35 厘米，口径 15～20 厘米，比降 0.3%～0.6%，支管与干管成斜交，管下铺砾石，各管接口处留 1 厘米缝隙，缝隙上面盖塑料板，管道两侧也铺砾石，然后填土。排水干管的出口处，应建立保护设施，保证排水畅通。

第十一章　椪柑的整形修剪

整形修剪是通过人工调节椪柑果树生长结果，最终达到早结果、丰产稳产和优质的目的。

椪柑树性直立，顶端优势强，分枝角度小，通过整形使各主枝的分枝角度加大，树冠开张，使主枝数量、方位、长度适合要求，生长势均匀，构成矮干、多主枝、负荷力强、通风透光良好的立体结果树冠骨架，为优质、丰产、稳产打好基础。

椪柑枝梢密生，易发生强势徒长枝，通过修剪控制枝梢顶端易丛生和形成筒状或上强下弱的伞形树冠，以避免结果晚，结果后枝梢易折断或披散下垂，树冠紊乱，负荷力弱的弊端。

一、椪柑整形修剪的目的

通过整形修剪达到以下目的：一是培养牢固的树冠骨架和丰产树形。配主枝3～5个，主、副枝8个左右，不宜过多，但枝组、小枝宜多。通过整形修剪使主枝分布均匀，骨架牢固，造就丰产、稳产的树冠。二是调节生长与结果的关系，改善通风透光条件，增强叶片的同化功能，以使树体内部养分合理分配，内外均衡结果、立体结果和提高果实品质。三是更新枝群，矫正大小年结果现象。通过对老、弱树的及时更新复壮，延长椪柑的经济寿命。四是控制树冠，方便管理，提高树体抗逆性，减少病虫害的发生。

二、椪柑整形修剪的方法

椪柑整形修剪常用的方法有短剪（短截、短切）、疏剪、回缩、抹芽放梢、摘心和撑、拉、吊枝等。

(一)短剪(短截、短切)

短剪又称短截、短切,即剪去1年生枝的一部分的修剪方法(多年生枝也有)。短剪的目的是刺激剪口以下的芽萌发,以抽生健壮的新梢。

(二)疏　剪

疏剪又称疏删或删疏,是指从枝条基部剪除的修剪方法。疏剪可刺激留下的枝梢加粗、加长生长,改善通风透光条件,增强光合作用,有利于花芽分化,提高坐果率和增进果实品质。疏剪一般剪去干枯枝、病虫枝、过密枝、交叉枝、衰弱枝和不能利用的徒长枝等。

(三)回　缩

回缩是从分枝处剪除多年生枝的修剪方法。回缩常用于大枝顶端衰退或树冠外密内空的成年树或衰老树,以更新树冠大枝。通过回缩达到改善树冠内部光照,增强树势的目的。

(四)抹芽放梢

抹芽在夏、秋梢长至1～2厘米时进行,将不需要的嫩芽抹除称抹芽。抹芽的作用是节省养分,改善光照条件,提高坐果率;或有利于枝梢整齐抽生而便于对病虫害的防治,尤其是对潜叶蛾的防治。

放梢,即经多次抹芽后不再抹芽,让众多的芽同时抽生,称放梢。

(五)摘　心

当新梢长到一定长度,未木质化以前,用手摘去嫩梢顶部称摘心。摘心的目的因时期不同而异。如7月份对幼树的夏梢主枝延长枝、旺长枝和徒长枝摘心是为了促进分枝抽发,增加分枝级数,加速树冠形成;10月初对长梢摘心是为了使枝梢充实,有利于花芽分化。

(六)撑、拉、吊枝和缚枝

撑、拉、吊枝和缚枝是椪柑整形修剪的辅助性措施,常在固定枝体、改变枝梢生长方向和加大分枝角度时采用。其作用是加大分枝角度,减缓生长势,改善光照条件和促进花芽分化。

三、椪柑整形修剪的时期

不同的椪柑产区,整形修剪的时期也不同。无冻害地区可在果实采收后结合果园清园进行修剪;有冻害危险的产区,宜在春季解冻至春梢萌动前修剪。椪柑修剪的时期通常分冬春修剪和夏季修剪。

(一)冬春修剪

冬春修剪是指采果后直至春梢萌发前进行的修剪。冬春修剪可调节树体养分分配,恢复树势,协调营养生长与结果的比例,促使翌年抽生健壮的春梢,花器发育充实。需要更新的老树、弱树,也可在春季枝梢萌芽前回缩修剪,将衰老枝及时剪除,对衰弱枝进行处理,以减少养分消耗和改善光照条件。

(二)夏季修剪

对幼龄椪柑树进行夏季修剪的主要目的是整形;对成年结果树进行夏季修剪的主要目的是控制枝梢生长势,促进果实生长发育。夏季修剪一般以抹芽、摘心和短剪为主,以减少养分消耗,提高坐果率。

四、椪柑幼树的整形

椪柑枝梢较直立,丛生性较强,一般采取多主枝树形。多主枝放射形的树形特点、树体结构和整形技术介绍如下。

(一)树形特点

主枝多,从属关系不甚明显;分枝角度小,枝梢直立;易于整形，易获丰产。但由于大枝偏多、枝梢密生、分枝角度小，易造成内膛空秃，下部衰退，外围枝梢过密，叶幕层上移，且容易藏匿和孳生病虫害。

（二）树体结构

在主干上直接丛状分生出 3～5 个主枝，相互间没有明显的层次性或从属关系，各自自由向外延伸。主枝上又以同样的方式分生副主枝，副主枝又以同样的方式分生侧枝……，其结果形成骨干枝不断分枝，放射状向外延伸的骨架结构，见图 11-1。

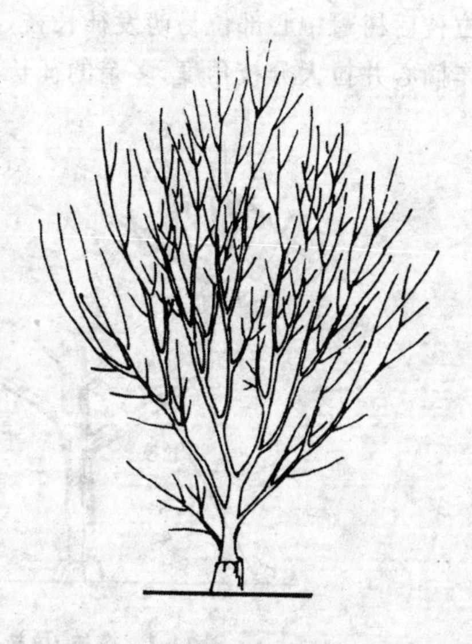

图 11-1　椪柑多主枝放射形示意

（三）整形技术

1. 主干培育　干高以 20～30 厘米为宜，当苗木抽发夏梢后，从 30～40 厘米高处短剪。在南亚热带气候条件下，短剪后发 3～5 条夏梢，再进行摘心，可抽秋梢，即二级分枝；在中亚热带和北亚热带产区多数只能抽生 3～5 条秋梢。南亚热带抽发的晚夏梢和中、北亚热带抽发的秋梢，均是椪柑将来的主枝。

2. 主枝的培养

（1）摘心和短剪　每次抽发夏梢、秋梢后及时摘心；冬季短剪，只留 10 片叶左右。经摘心、短剪后，多数会发生双叉分枝，多余的枝梢会变成弱枝。若不行摘心和短剪处理，则会使骨干枝长而软，结果后易折断或披垂重叠而落叶、落果。经 2～4 年的处理，便可形成 12～20 个副主枝。在结果前一年，对最后一段秋梢不再摘心和短剪，待结果后再回缩。

(2)拉枝　春梢抽发未成熟前，将幼苗的分枝拉开，使主枝的分枝角达 50°～60°。撑枝、拉枝、吊枝和缚枝，见图 11-2。由于椪柑直立性强，不拉枝会使树冠并生，且愈来愈高，使下部缺少枝叶。拉枝后树冠中心部位易萌发徒长枝，凡能利用作主枝的徒长枝，可作摘心并拉大分枝角度，多余的徒长枝应及时剪除。

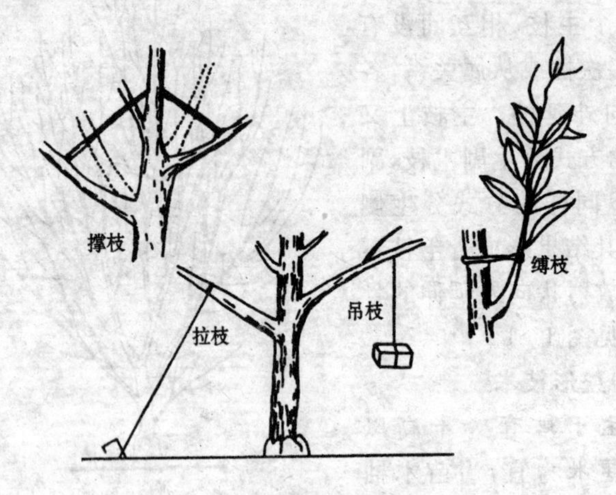

图 11-2　撑枝、拉枝、吊枝和缚枝

(3)抹芽　经拉枝后，树冠上部的春梢会抽出夏梢而形成上强下弱的树冠，为此，应将先萌发的夏梢抹去，每 3～4 天抹 1 次，连续抹多次，待下部春梢已萌发夏梢并抽枝后，顶部芽再抹 1～2 次，再让其抽枝，这样才会形成比较平衡的主枝。

(4)疏梢　椪柑易抽生顶端枝梢，应进行疏梢，疏去过密的枝梢和两梢中间的夹心梢，对 1 个芽眼中同时抽发的 2 条以上的枝梢，只选留 1 条中等生长势的。疏梢一般是留强去弱，疏去分枝角度小的直立梢，选留角度开张的梢，这样可使枝梢呈倾斜生长，树冠开张，分布适度，有利于结果和树冠培养。2～3 年生的椪柑幼树，要有健壮的秋梢 100～200 条，才能保证早结丰产。

五、椪柑成年树树形的维持

椪柑幼树初具树形骨干枝后便陆续投产，同时树冠继续扩大。进入成年树龄时期后树形仍需继续培养完善，即使到衰老更新期，还须对树体骨架作适当调整。成龄树调整树形的目的，是为了使椪柑持续丰产、稳产和优质。投产初期，树冠还需扩大，这时整形要继续培养主枝延长枝，直至树冠达到计划要求的树冠为止。当树冠扩大，相邻植株主枝交叉重叠时，要缩剪顶部大枝，俗称"开天窗"，使光线直接射入树冠内部，并对下部枝进行缩剪和疏剪，让出株间、行间的空间，改善光照条件。经若干年丰产后，结果枝组逐年衰退，则要不断更新衰老枝组，使枝组交替更新结果。

六、椪柑幼树修剪

投产前的幼树，主要是整形，修剪仅在整形的基础上适度进行。修剪主要是对主枝延长枝进行短剪或疏剪，修剪量宜轻，尽可能保留枝梢作辅养枝。投产前一年进行抹芽放梢，培育秋梢结果母枝。具体方法：一是剪除病虫枝和扰乱树形的徒长枝。二是对夏、秋梢摘心，加速扩大树冠，投产前一年秋梢不摘心，培养成结果母枝，已长成的长夏梢可在7月下旬短剪1/3～1/2，8月下旬可抽发数条秋梢，有利于翌年开花结果。三是短剪延长枝，结合整形，对主枝、侧枝延长枝短剪1/3～1/2，使剪口1～2个芽抽生出健壮枝梢，延生主枝和侧枝生长。四是抹芽放梢，夏季抹芽放梢1～2次，促使多抽1～2批整齐的夏、秋梢，南亚热带产区可多放1次梢。采用多主枝放射形的，对夏、秋梢可摘心与短剪，并注意拉枝，加大主枝的分枝角度。

七、椪柑初结果树的修剪

从开始结果到盛果期前的椪柑树称为初结果树(定植后 4～8 年间)。此时,树冠仍在缓慢扩大,生长势仍较强,为了尽快培养丰产树冠,修剪上除以轻剪为主、继续整形外,还要及时缩剪衰退枝组,防止枝梢过早衰退,注意培育良好的结果母枝,保证产量逐年递增。具体方法:一是抹芽放梢。初结果树营养生长超过生殖生长,造成梢果矛盾,引起大量落果。为解决此弊,应抹除早夏梢,一般 5～7 天 1 次,直到生理落果结束为止。生理落果后抽发的晚夏梢,可保留用于扩大树冠;早秋梢是良好的结果母枝,要促其抽生;对晚秋梢不能成熟的,要控制和抹除,控制方法是早秋梢转绿后控制肥水,并进行树盘松土(6～10 厘米深),若无法控制则及时抹除。二是延长枝短剪,直到树冠达到计划大小时停止处理,让其结果后再行回缩。三是夏梢长梢摘心或短剪。四是短剪结果后的枝和落花落果枝,方法是冬季短剪 1/3～2/3,一般强枝少短剪,弱枝重短剪或疏除,使之翌年抽生强壮的春梢,甚至进而抽生夏、秋梢成为良好的结果母枝。五是枝组轮换压缩修剪。对已结果的枝组和夏、秋梢结果母枝从基部 3/4～4/5 处重回缩,也可在春芽萌动前短剪,留下基部一段使其抽生营养枝。六是处理好夏、秋梢母枝。当树体抽生夏、秋梢多时,会使翌年花量过多,故冬季修剪时应短剪 1/3 数量的强夏、秋梢,保留春梢或基部 2～3 个芽,让其抽生预备枝;保留 1/3 数量生长适中的夏、秋梢,作为结果母枝;疏去 1/3 数量较弱的夏、秋梢,以减少母枝数量,从而减少花量,节省树体营养消耗。

八、椪柑盛果期树的修剪

初结果期结束到衰退期出现前的树为盛果期树。盛果期树营养生长和生殖生长趋于平衡，树冠上下、内外结果，产量逐年增加。经几年丰产后，树势转弱，较少抽生夏、秋梢；枝组大量结果后，也逐渐衰退，处理不当，易出现大小年。此时修剪的主要目的是更新枝组，培育结果母枝，保持营养枝和结果枝适宜的比例，延长丰产年限。通常，冬春修剪采用疏剪和回缩修剪相结合，夏季修剪采用抹芽、摘心和回缩。具体方法：冬春修剪应剪除枯枝、病虫枝、衰弱枝、交叉枝、过密无结果能力的荫蔽枝、衰退的结果枝和结果母枝，对衰老的大枝常进行回缩修剪，以利于恢复和更新树势。夏季修剪的短剪在秋梢发生前进行，一般回缩树冠外围上中部衰弱的枝群，以促发健壮的结果母枝。回缩通常留桩 10 厘米左右，剪口粗度（直径）因树而定：壮树剪枝直径 0.4～1 厘米，衰弱树剪枝直径 0.6～1.5 厘米。

修剪要与其他栽培措施相结合，尤其是夏梢修剪必须结合肥水管理，修剪前 7～10 天要灌水和施速效肥，才能获得好的效果。

盛果期树管理得当可持续丰产、稳产，管理稍有疏忽，会出现大小年结果。

（一）大年树修剪

指的是大年结果前的冬剪（北亚热带产区因气温较低改为春剪）、早春复剪和夏秋修剪。修剪的主要方法：一是疏剪密弱枝、交叉枝和病虫枝。二是回缩衰退枝组和落花落果枝组。三是对基枝上有数条结果母枝的，去弱留强和短剪长枝，保留中等壮枝。四是对细弱的无叶枝应多剪除，以减少无效花消耗树体养分。五是短剪夏、秋梢母枝，短剪 1/3 的强母枝，留 1/3 的中等强度母枝不剪，剪除 1/3 弱母枝。六是疏剪树冠上部中等郁闭大枝，即所谓的“开天窗”，使光照射入内膛。七是 7 月份短剪部分结果的枝组、落花落果枝，以促生秋梢，增加小年结果母枝。八是第二次生理落果结束后进行疏果，先疏畸形果、密生果，最终达到叶果比 40∶1，以利于缩小大小年。九是对坐果稍多的树，可在花芽分化前进行大枝环割促花，以增加小年的开花量。十是秋季结合重施肥，采取断根或控水等措施，促使花芽分化，冬季或早春对预计花量过多的树喷施赤霉素，以促发营养枝，减少花量。

（二）小年树修剪

指的是大年采果后的修剪。小年树势弱，夏、秋梢少，当年开花结果少，修剪宜轻，尽量保留枝梢，使其多结果。修剪最好在芽萌动至显蕾时进行。其主要方法：一是尽量保留结果母枝，对夏、秋梢和内膛的弱春梢营养枝，只要是能开花结果的结果母枝，均宜保留。二是短剪、疏剪树冠外围的衰弱枝组和结果后的夏、秋梢结果母枝，且注意选留剪口饱满芽，更新枝群。三是夏季修剪要短剪当年落花落果枝、部分弱春梢及内膛衰退枝等，以促早发秋梢。四是采果后冬季重回缩，疏删交叉枝和衰退枝组。

（三）稳产树修剪

稳产树营养生长和生殖生长趋于平衡，开花结果和抽生新梢均适量。因此，修剪应适度，修剪量宜较大年树轻，较小年树重。采取疏剪和短剪相结合，以保持树冠有一定数量的高质量的秋梢，为连年稳产打下基础。另外，及时加强肥水管理，以补充结果所消耗的养分。

九、椪柑衰老树的更新修剪

椪柑树龄15～20年以上，因树大，分枝级数升高，导致树冠交叉封行，分枝多，强弱枝分化明显，自下而上出现层层枯死，形成外密内空，叶幕薄，末级分枝多而短，坐果率低，产量下降。但椪柑各部位隐芽多，短剪后易发壮梢，在加强肥水管理和防治病虫害的基础上，可根据不同树势进行更新，以恢复树势和产量。

根据树势衰退的程度不同，可采取轮换更新、骨干枝更新和主枝更新等方法。

（一）轮换更新

又叫局部更新。对一部分枝条衰退，而另一部分枝条还能结

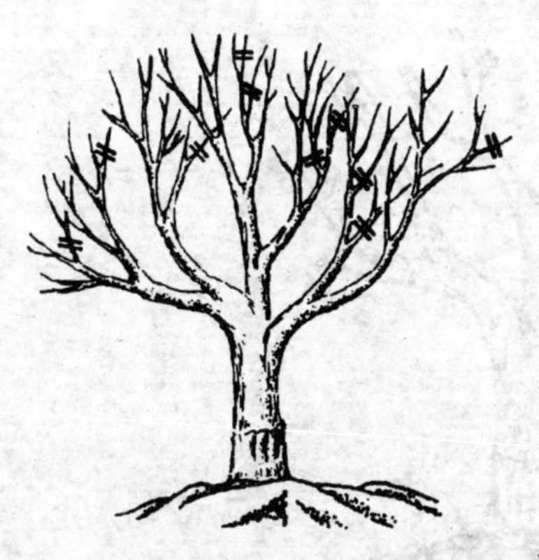

图 11-3　轮换更新

果的衰老树，可先对部分衰退的3～4年生侧枝进行短剪，在2～3年内有计划地进行轮换更新全部的树冠，见图 11-3。轮换更新在更新的几年内能保持一定的产量，更新完毕就能迅速提高产量。

(二)骨干枝更新

又叫中度更新。树势较衰弱的老树，结合整形，在5～6级分枝上回缩修剪(或锯除)，剪除全部侧枝和3～5年生枝组，仅保留主枝、副主枝。疏去多余的主枝、副主枝、重叠枝和交叉枝干。这种更新方法，当年即能恢复树冠，第二年能恢复产量，见图 11-4。

(三)主枝更新

又称重度更新。即树势严重衰退的老树或枝干受病虫危害或严重受冻，而主要骨干下部尚健壮的衰退树。更新可在距地面80～100厘米高处4～5级骨干大枝上回缩，锯除全部枝叶，见图 11-5。剪(锯)口要平滑，涂接蜡保护，树干要用石灰水刷白，防止日灼。新梢萌发后抹芽1～2次放梢，疏去过密和着生部位不当的枝梢，每枝留2～3个新梢。长梢应摘心，促其增粗生长，重新培育成树冠骨架。主枝更新，第三年可恢复生产。

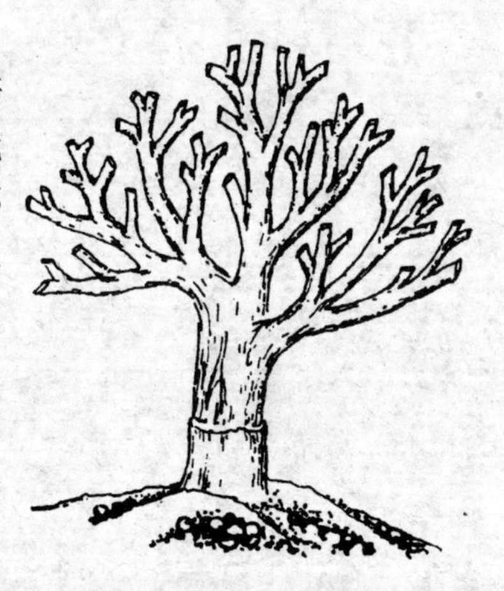

图 11-4　骨干枝更新

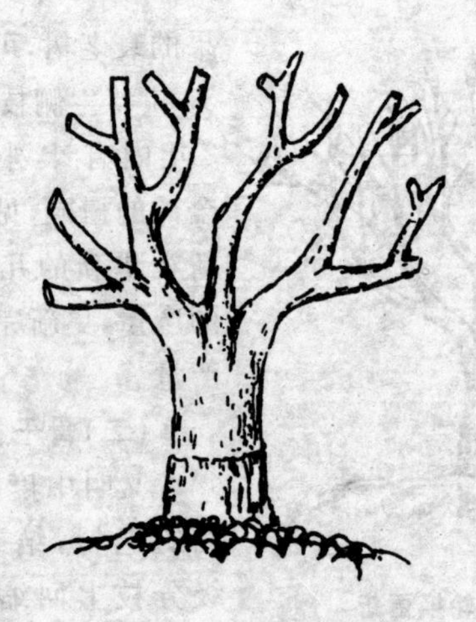

图 11-5 主枝更新

第十二章　椪柑的灾害及生理障碍的防止措施

椪柑常遭受灾害，轻者影响树体生长、发育，减少产量，重则毁园死树。最常见的灾害有冻害、雪害、寒风害、台风害、旱害、涝害和环境污染的公害等。

椪柑果实在生长发育过程中，如遇不适宜的生态条件和农业栽培措施，会出现日灼(烧)、干疤和枯水等生理障碍。

一、椪柑的冻害及其防止措施

椪柑是热带、亚热带的常绿果树，性喜温暖湿润而不耐寒，对低温的敏感性超过落叶果树。我国长江中下游及柑橘北缘地区冻害发生频繁，仅 1949 年至今，就出现过 1954/1955、1968/1969、1976/1977、1991/1992 年和 2007/2008 年 5 次大冻，使我国柑橘和椪柑生产蒙受巨大损失。

(一)影响椪柑冻害的因素

椪柑发生冻害，受多种因素的影响。可归纳为两大类：即植物学因素和气象学因素。植物学因素包括椪柑的品系，砧木的耐寒性，树龄，晚秋梢停止生长的迟早，结果量的多少，采果早晚，植株生长势，有无病虫害，肥水管理水平，晚秋到初冬喷布药剂的种类和次数等栽培措施。气象学因素最主要的是低温强度和低温持续时间，其次是土壤和空气的干湿程度，低温前后的天气状况，低温出现时的风速、风向，光照强度以及地形、地势等。它们与椪柑的冻害关系密切，见图 12-1。

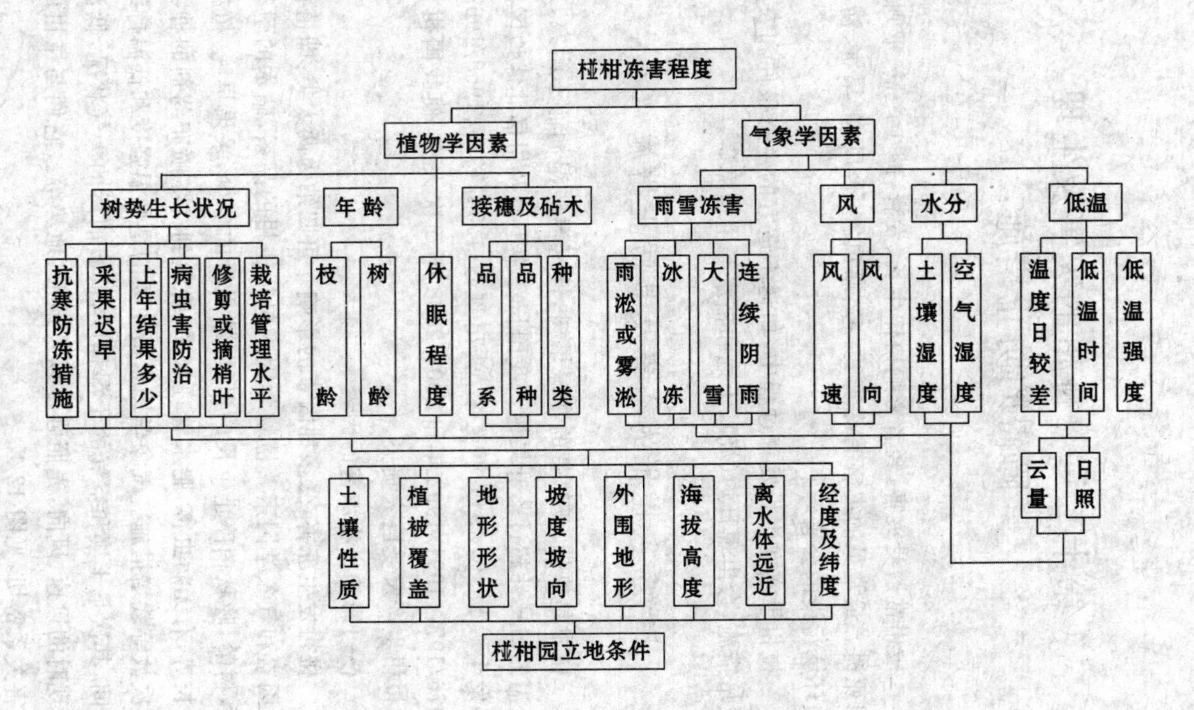

图 12-1　椪柑冻害因素图解

(二)冻害分级标准

椪柑冻害标准分 0 级、一级、二级、三级、四级、五级等 6 个级别，依据对树势的影响、落叶程度、1 年生枝和主干受冻程度而定，详见表 12-1。

表 12-1 柑橘冻害标准

分级	对树势的影响	冻害部位		
		叶片	1年生枝	主干
0级	基本无损害	叶片正常，未因冻脱落	无冻伤	无冻害
一级	稍有影响	25%～50%叶片因冻脱落	除个别晚秋梢略有冻斑外，其余均无冻害	无冻害
二级	有一定影响	50%～75%叶片因冻脱落	少数秋梢略有冻害	无冻害
三级	伤害较严重	75%以上叶片枯死脱落或缩存	秋梢冻枯长度大于枝长，夏梢稍有影响	无冻害
四级	伤害严重，有死亡可能	全部冻伤枯死	秋梢、夏梢均死亡	部分受冻害，腋芽冻死
五级	全死	全部枯死	全部冻死	地上部全部冻死

(三)防冻技术

椪柑防冻的根本对策，应是坚持在椪柑最适宜生态区种植，在次适宜生态区种植必须选适宜的小气候地域。但鉴于目前已在有冻地区种植了不少椪柑，且占有一定的比重，因此，用科学的技术措施预防椪柑冻害仍十分重要。

1. 选择耐寒的品种(品系)和砧木 椪柑在不同地区栽培，其耐寒性有所差异。如长期在北亚热带栽培的椪柑，因环境的适应性，就表现得较耐寒；相反，长期在南亚热带种植的椪柑，其耐寒性就较差。由此表明，冻害地区的椪柑种植，应选当地的良种或从生态条件相似的地域引入良种，不宜从热量条件好的南亚热带盲目引种。如要从南亚热带将优良的椪柑引到北亚热带，则应经过长期的实生驯化选种。如浙江省衢州市引自南亚热带的椪柑经长期实生驯化，表现出能耐－9℃低温，比广东、闽南地区的椪柑耐寒性都强。

凡嫁接的椪柑植株，均系接穗和砧木的有机结合体，其耐寒力不仅与接穗品种有关，而且受砧木的影响。适作椪柑的砧木中，以枳最耐寒，能耐－20℃的低温，其次是枳橙，再就是椪柑。

还需提及的是，同一砧、穗组合的椪柑，也会因砧木的繁殖方法和嫁接高度不同而引起抗寒性的差异。如以扦插枳作砧木的椪柑比实生枳作砧木的椪柑耐寒力差。因为辐射霜冻的极端低温都出现在接近地面处，如该处为耐寒的砧木，就不易受冻；反之，耐寒较差的砧木品种，抗寒力就会下降。因此，柑橘北缘产区在椪柑生产上已有用提高嫁接部位的方法来增强树体抗寒性的例子。

2. 加强栽培管理，提高树体的抗寒力

(1)土是椪柑的立足之本　土层的深浅、肥瘦对椪柑抗寒力影响极大。根深叶茂，树体的抗寒力增强，实生椪柑之所以比高压繁殖的椪柑和扦插繁殖的椪柑耐寒，是因为实生椪柑有发达的根系扎在深厚的土层中。土层深浅不同会影响椪柑的抗寒性。为此，用深翻加深土层，改善土壤条件，可达到引根深入，改变土壤通透性，改善肥力，提高土中潜在磷的吸收力的目的；同时经翻耕的椪柑园能较好地发挥冻前灌水的作用和便于培土防冻措施的实施。

(2)适时排灌　椪柑喜湿润，怕干旱，但也忌土壤水分过多。凡地下水位高于1～1.2米的椪柑园，要注意梅雨季节的排水，也可筑墩栽培。不然会影响根系深扎，分布于土表而受冻。适时合理灌溉也能增强椪柑树体的抗寒力。伏旱和秋旱不仅严重威胁椪柑生长、结果，而且会引起树体冬季抗寒力的减弱。故伏、秋干旱时，应及时灌溉，解除旱情。无灌溉条件的椪柑，应注意土壤深翻，多施绿肥和农家肥，或在干旱出现之前对树盘进行覆盖，以保持土壤水分。但注意晚秋不宜过多地供给树体水分，以免秋梢旺长，尤其是晚秋梢的旺长而使抗寒力降低。冻前灌水可利用水分释放的潜热来提高椪柑园内的温度，但因椪柑是常绿果树，在冬季仍进行各种生理活动，若是椪柑园处于湿润状态，受寒流袭击时土壤中的潜热易于散失，灌水后又遇寒流，反而会加重冻害，因此，应结合当地气象预报，稳妥慎用。

（3）采用密植栽培　密植栽培不仅可早结果、早受益，而且还可减轻椪柑园的冻害。有冻害的柑橘北缘产区，应推广带土移栽、大苗定植和矮化密植。由于上述措施能提早结果，在周期性冻害来临之前能受益，而且密植有利于椪柑园内风速减缓，使温度改善，温、湿度稳定。相反，稀植园（或幼龄果园）向天空开放的树冠表面多，所以在晴朗的夜里，由于辐射放热而易变冷，使其受冻的机会增多。

（4）科学施肥是椪柑防冻的重要措施　施肥涉及肥料种类、施肥量、施肥时期和施肥方法。国外用叶片营养分析和土壤营养分析指导施肥。美国佛罗里达州把氮：钾以1：1的比例配合施用作为柑橘防冻的措施之一；日本提出氮、磷、钾三者的比例以10：7：8为宜，施氮适量，加施钾肥可提高树体的抗寒性。我国椪柑园，不少以施农家肥为主，合理地使用农家肥，有利于树体抗寒性的提高。施肥应适时，秋季施肥应防止晚秋梢大量抽生而降低树体的抗寒性。对于椪柑的幼树，更应注意施肥期，务使枝梢在晚秋前停止生长，切忌为扩大树冠而过多施用氮肥。早施冬肥，基肥改冬施为秋施，三要素配合，不单施氮肥，以利增强树势。施用农家肥的方法宜深不宜浅，深施诱导根系深扎，可增强树体的抗寒力。

（5）结果适度　适量结果既有利于克服隔年结果或减小大小年变幅，又能增强树体的抗性。结果过多、过少，均不利于植株抗寒。调查表明，产量适中的椪柑稳产树，受冻最轻，结果过多或过少的大小年树，均表现受冻较重。因此，生产上应从施肥、灌溉、控制和促进花量、保果和疏果等方面防治大年挂果累累，小年不结果的非良性循环，促使结果适量，丰产稳产。

(6)认真防治病虫害　危害椪柑叶片、枝、干的病虫害，如树脂病、炭疽病、脚腐病，红、黄蜘蛛、天牛、介壳虫、吉丁虫等，使树体有足够制造营养的器官——叶片和健壮的枝干，以增强抗寒性。

3. 其他防冻措施

(1)培土和包树干　根颈是抗寒力最弱的部位，培土保护根颈是防冻的重要措施。浙江省、江西省一带，通常在12月上旬培土，培土深度以40厘米左右为宜。培土时尽量将土打碎，且尽可能将碎土壅在主干附近；翌年2月下旬至3月上旬气温回升时，将所培的土扒开，以防烂蔸。结合培土施一些有机酿热物，则防寒效果更好。江西等柑橘产区常在采果后，结合中耕松土，挑塘泥或河沙(滩地培塘泥，红壤丘陵地培河沙)培土壅蔸，既能护根越冬，增温防冻，又有利于改土补肥。包树干进行防寒，对幼树有良好的防寒效果。据调查，寒潮来临前1周，用稻草包扎树干，幼树只有5%冻死，未包扎稻草的幼树则全部冻死。

(2)树干涂白防寒　用石灰水将树干刷白，对防治主干冻害有较好的效果。有些椪柑产区，在石灰水中加入适量的黄泥和牛粪防冻效果尚好。

(3)喷布抑蒸保温剂　对椪柑树冠喷布抑蒸保温剂，可减轻椪柑冻害。

(4)幼树搭棚防寒　幼树根系浅，抗寒力弱，对定植1～2年的幼龄椪柑，采取搭三角草棚防寒，效果明显。即在幼树四周搭三角架，其上覆盖稻草(有条件的也可用薄膜)，在朝南方向留一窗口，以防遮荫而造成落叶。开春时要及时去棚，以免影响植株的光合作用。

(5)熏烟防霜冻　浓霜易使椪柑受冻，特别是冻后加霜，更会加重冻害。熏烟，可根据当地的气候预报，在寒潮来临前实施。熏烟材料可就地取材，如杂草、谷壳、枝叶、蒿秆和山青等，将其混合堆放，上覆泥土，并留出点火和出烟洞口。霜冻通常在凌晨出现，故在椪柑冻害临界温度前点火熏烟为宜。熏烟本身可产生热量，且烟雾可阻止地面辐射放热，同时烟粒从空中吸收的水气变成液体时，会放出大量液化热。

(6)营造防护林　防护林可降低风速，提高地表温度。在有冻害地区种植椪柑，在种植前或同时营造防护林是防治冻害的战略措施。

(四)冻后护理

椪柑树冻后恢复得快慢，取决于 2 个因素：一是冻害程度；二是冻后采取的护理措施是否及时、适宜。

椪柑受冻后，由于地上部器官(叶片、枝梢)遭受破坏，从而使根系、枝干的生理活动减弱，地上部与地下部失调。同时因落叶使枝干外露，树体抗性也大大减弱。所以冻后护理工作必须抓紧。首先要促进地下部的根系活动，促发地上部同化器官制造养分，进而促发新根，借以造成以根养叶，以叶保根的良性循环。椪柑受冻后的主要护理措施如下。

1. 清除积雪，固定伤枝　如遇雪压椪柑树枝，应及时摇落树冠上的积雪，以免压断树枝。遭雪害的椪柑园，常因雪压引起椪柑枝桠撕裂，应及时将撕裂的枝干扶回到原生长的位置，用细棕绳在裂口上部捆绑固定，再在裂口上均匀涂上接蜡，然后用 2 厘米宽的薄膜带包扎。处理要及时，裂口皮层要紧密吻合，松绑应在愈合牢固后进行，对撕裂的枝桠应适当剪除枝叶，减少消耗。此外，对断裂而无法补救的伤枝，可将其锯掉并削平锯口，再涂以接蜡或保护剂。保护剂用甲基硫菌灵 200 倍液或用 1∶1∶10 波尔多液均有较好的效果。

2. 因树修剪　为促进受冻树恢复树势，可根据“轻冻摘叶，中冻剪枝，重冻锯干”的原则，合理处理树冠。

(1)摘叶　对枝梢完好，但叶片受冻枯萎，未发生离层而挂树不落的，应尽早轻轻打落，以减少树体养分和水分的损失，避免扩大受冻部位，防止枝叶枯死。为克服打叶费工之弊，也可分次剪枝，先剪去枯叶枝的2/3～3/4，待萌芽后，再从成活上方剪除，效果较好。

(2)剪枝　枝梢受冻的，如被冻部生死界限分明，可及时作"带青修剪"，即在形成层颜色正常处，再延伸2～3厘米处剪除。对受冻枝生死界限不明显的，可在萌芽抽梢后修剪，以便确定修剪的位置。春剪以轻剪多留枝为宜，剪枯留绿，剪去受冻的小枝梢，尽量保留有叶绿枝，以利开花结果。6月下旬至7月上旬修剪时，宜回缩2～4年生的衰老枝序，以促发秋梢，力争翌年结果丰产。

(3)锯枝、锯干　受冻严重，主枝或主干的皮层开裂，整个树冠冻死时，可锯断大枝或主干，使其重新发枝。注意削平锯口，并涂以保护剂或接蜡。保护剂可用甲基硫菌灵200倍液，也可用三灵膏。三灵膏的配制方法如下：赤霉素1克用酒精溶解后，加多菌灵50克和凡士林4～5千克拌匀即成。也有用牛粪黄泥浆的，配制方法是：黄泥浆2千克，新鲜牛粪2千克，多菌灵20克，100毫克/千克的2,4-D溶液1升，充分搅拌，调成稀糊状即成。

3. 松土增温，灌还阳水　解冻后应立即在树冠下松土，以保住地热，提高土温。据报道，每平方厘米地表每小时可释放6卡热量，冬季土温高于气温，松土能保持土壤热量，有利于椪柑根系生长。为防根部积水，应及时开排水沟。还应根据树体的需要，尤其是干(燥)冻之后，根和树体更需水分，应及时灌水还阳。各地经验表明，冻后灌水，可明显减轻冻害。

4. 合理施肥，恢复树势　冻后树体功能显著减弱，施肥要以水带肥，以速效氮为主，勤施薄施，先薄后浓，切忌一次施肥过浓。对轻冻树要及时追肥，促其尽快恢复；早春解冻后，薄施氮肥，并可用0.2%～0.5%尿素溶液进行叶面喷布。对重冻树施肥时间可适当推迟，或不施春肥。通常冻害树易出现缺锌、缺锰等症，可结合叶面喷布，补充相应的微量元素。

5. 疏花促树势恢复　受冻后的椪柑树畸形花多，特别是轻冻树花量过多，但坐果率低。为减少树体的营养消耗，应对轻冻树疏去畸形花、过多的花和过时的花，以提高坐果率。重冻树不留花，以尽快树势恢复。

6. 防治病虫害　椪柑受冻后最易发生树脂病，为此应加强防治。一般在 5～6 月份和 9～10 月份用浓碱水（碱：水为 1：4），涂洗 2～3 次，涂洗前要刮去病皮。同时也要注意防治蚜虫、凤蝶、卷叶蛾、潜叶蛾和螨类等害虫的为害，以利于枝梢健康生长。

7. 枝干涂白，防止日灼　受冻的椪柑树，特别是三级、四级冻害的椪柑枝、干，夏季枝干上应涂白（石灰水），以防日灼造成枝、干裂皮。

二、椪柑风害及其防止措施

风对椪柑有利有弊，微风可减轻椪柑园冬季的霜冻危害和夏季的高温危害，对郁闭而湿度大的椪柑园，微风可降低湿度，减轻病虫害。有微风的晴朗天气采摘椪柑，便于果实贮藏前预贮工作的进行。但风对椪柑也会带来危害，特别是寒风、干热风、台风和潮风可严重地危害椪柑果树。

（一）寒风害及其防止措施

寒风能加重椪柑的冻害，笔者在上海试验表明，当出现造成冻害的低温条件时（低于－7℃），大风会加重椪柑的冻害，相当于降低 2℃的低温造成的危害。

风加重冻害的原因是：大风加快了细胞间隙水的散失，同时气孔失水也加大，造成叶片和枝、干的生理干旱，从而加重了低温对椪柑的伤害，使叶片明显干枯。寒风还降低叶温，在日照多时，表现尤为显著。寒风会使椪柑严重落叶，导致春季发芽不良，枝梢生长纤弱，无叶花多，产量低，形成大小年，重者死树毁园。

防止寒风害的有效措施是建造防风林，设置防风障。防风林可减缓风速，减轻冻害。如上海前卫农场的试验表明，在防风林内风速比林外平均减小 60%，椪柑园内风速更小，平均减小 90%。防风林树种有水杉、樟、女贞、法国冬青和竹等，并以水杉、冬青和小竹混植的防风林效果最佳。

风障对减缓风速，减轻椪柑冻害也行之有效。风障内风速变小，椪柑落叶少。

此外，树冠覆盖也是防御寒风的有效措施，国外有采用三层纱布、帐用冷布化学纤维、塑料网，甚至用旧渔网将整株椪柑包扎起来，以防寒风的。我国大多采用谷草、玉米秸、蒲包等在树冠上搭棚架，形状有单株搭棚、连片搭棚、三角形、四方形。

(二)干热风害及其防止措施

这里所指的干热风害，主要指椪柑果树开花到稳果期前后，由于异常高温、低湿并伴有一定风速的干热风使椪柑受到的危害。此类干热风，对温州蜜柑危害严重，椪柑也受其危害。干热风危害椪柑开花，加重第一次、第二次生理落果和稳果后的异常落果。

防止干热风害宜采取以下措施：一是选择适宜的小气候，深翻压肥，改良土壤和营造防风林。二是出现干热风危害前后，对椪柑树体适度灌水，如沟灌、早晚对树冠喷水等；控制新梢，对春梢适度疏删，徒长性春梢留 3～4 片叶摘心，抹除夏梢；叶面喷布 0.2% 磷酸二氢钾和 0.3%尿素，既供水降温，又促进枝梢老熟和幼果膨大。

(三)台风害及其防止措施

我国沿海椪柑产区，7～9 月份常遭台风侵袭，风力小则 6～7 级(风速 10.8～13.9 米/秒以上)，大则 11～12 级(风速 28.5～32.6 米/秒以上)，直接打落椪柑果实、叶片，甚至折枝断干，或将树吹倒、拔起。台风给椪柑生产带来重大危害。

1. *台风对果实的危害*　台风对花后 1 个月的椪柑幼果危害严重。不仅吹落果实，即使不落的果实也因枝叶的摇动摩擦果面而使果实受伤，伤处木栓化，影响外观。

2. *台风对植株的危害* 轻者损叶折枝，重则折裂(断)主枝、主干，甚至将树连根拔起。

3. *淹水对椪柑植株的危害* 由于台风常伴随着暴雨，而使椪柑遭受水淹，甚至受咸水的淹灌。台风后2～3天，受淹椪柑会出现黄叶、卷叶、焦叶，甚至最后使植株死亡。

4. *造成椪柑园土壤流失和加剧椪柑病害* 伴随着台风而来的暴雨，冲刷园地的表土，严重影响植株生长。又因强风暴雨椪柑损叶折枝，伤口增加，从而容易引起病菌感染，使溃疡病、炭疽病等发病加重。

防台风伤害应采取如下措施：一是营造防风林，减轻台风对椪柑的危害。二是选抗风性较强的品种(品系)。椪柑是抗风性较强的品种，椪柑中的硬芦抗风。砧木宜选矮化砧，以培养矮化、紧凑的树冠。三是尽可能选择能避风的小气候地域种植。幼树根浅，有条件的应设立支柱，以免幼树被风吹倒。四是沿海、沿江的椪柑园，要修筑堤坝，疏通沟道，一旦遭受台风侵袭，可阻江、海之水入侵，并可及时排除园中积水。五是椪柑树受台风危害后，应及时疏松土壤，适度修剪和及时进行根外追肥。

(四)潮风害及其防止措施

台风侵袭时在海岸常卷起海潮，风将带有盐分的海雾吹向椪柑园，而对椪柑产生潮风害。受潮风害的椪柑会出现落叶，严重的可导致树体死亡。

防潮风害的措施：一是受潮风害而落叶的椪柑树，不宜立即修剪和摘除果实，以便利用其贮藏的养分和残留的叶绿素进行光合作用以及避免过多的伤口消耗养分。二是对因落叶而裸露的枝干，应涂石灰水，以防日灼。三是台风未伴随暴雨，对受潮风害的椪柑植株应及时(10小时内)喷水去盐，以减轻其危害。去盐后喷布20～40毫克/千克2,4-D或加用石硫合剂，可有效防止潮风害后椪柑落叶。

三、椪柑旱害及其防止措施

椪柑生长、发育过程中若水分缺乏，会严重影响树体的生长、发育和产量。春、秋梢抽发前受旱，不仅新梢延迟抽发，而且枝梢纤弱，叶小而少；初夏幼果受旱，叶卷果软，夏梢与果实争水，造成大量落果；夏、秋干旱，影响果实膨大，严重时影响产量，影响果实品质和树势。

(一)影响椪柑抗旱性的因素

椪柑能适应过少的土壤水分的能力称之为耐旱性或抗旱性。椪柑的抗旱性，即抗旱害的能力与椪柑的品种(品系)、砧木、树龄和树势等密切相关。椪柑是较耐旱的品种。浅根性的枳砧椪柑较红橘砧椪柑不耐旱；幼龄椪柑因根系浅，较成年椪柑不耐旱；营养不良、大小年和病虫危害的椪柑较健壮的椪柑不耐旱。

(二)旱害的成因

当土壤干燥，椪柑根系吸收的水分不能满足植株生长发育的需要时，就会发生旱害。自然干旱时，大气干燥十分严重，影响椪柑的蒸腾作用，叶片气孔关闭，气体交换受阻，同化作用降低，加上根系吸收水分和养分不足，使生长发育受阻而出现一系列的生理障碍，如叶片萎蔫、果实失水、落叶、落果等。

我国椪柑产区的年降水量约在1 000毫米以上，可满足其生长发育所需，但因年雨量分布不均，一年中常出现干旱而造成椪柑旱害，如浙江、江西、福建、湖南等省有秋旱、冬旱，四川省有春旱、伏旱，两广地区有冬旱、春旱。

(三)防旱技术

防止椪柑的干旱，应采取“未旱先防”。具体可采取以下措施：一是深翻压绿肥，以增加土壤的空隙和土壤肥力，增进土壤的团粒结构，增加土壤的透水性和蓄水性，使土壤有较多的水分供椪柑植株生长发育。为有利于防旱，深翻宜在小暑前进行。二是旱前松土、覆盖。松土可切断毛细管,减少土壤水分蒸发。还可于松土后及时用杂草、蒿秆、稻草覆盖,以保持土壤湿润。特别是无灌溉条件的椪柑园,旱前松土、覆盖增产效果显著。三是培土保湿。可用塘泥、水稻田表土等培覆椪柑根部,可起培肥、降低土温和减少水分蒸发的作用。四是肥料深施,引根深入,以增强树体的抗旱性。五是及时排灌。椪柑园积水,会使根系变弱,影响抗旱性,应及时排除。对地下水位高的平地椪柑园,应设法开深沟,筑高墩,降低地下水位,以免根系分布过浅而使抗旱力变弱。根据树体对水分的需求,科学灌溉是防止干旱最有效的措施。六是对老弱的椪柑树,在高温、干旱季节树干刷白,防止树干日灼。

四、椪柑涝害及其防止措施

椪柑植株不能缺水,但水分过多,也对树体生长、发育不利。水多使土壤空隙全充满水而通透性变差,根系呼吸受损,对水分和养分的吸收受到抑制,进而导致植株生长衰弱,甚至死亡。

(一)涝害及其影响因素

涝害是指椪柑植株遭受暴风雨袭击,树体受淹后所出现的危害。柑橘能适应过多的土壤水分的能力,称为耐涝性或抗涝性。椪柑的涝害程度,与淹水时间、淹水深度、品种(品系)、砧木、树龄和树势等关系密切。淹水时间越长、淹水越深,危害也越大。椪柑抗涝性较强,枳砧椪柑抗涝性比枳砧温州蜜柑弱,但比枳砧本地早、枳砧南丰蜜橘等强。砧木中,以酸橙的抗涝性最强。成年树因其根系较幼树发达,其耐涝性比幼树强。不论是苗木、幼树、成年树,生长健壮、根系发达的抗涝性都强,受害轻;反之,则抗涝性弱,受害重。

(二)涝害的防止措施

防止椪柑涝害的措施:一是尽快排除积水,并设法降低地下水位。二是对淹后出现严重症状的树体,应及时剪枝,去叶去果,以减少蒸发量。三是松土排水，扒土晾根。松土排除多余的水分，扒开树盘下的土壤，露出根系，加速水分蒸发，待1～2天后再覆土护根。四是包枝防裂。对外露的大枝用1∶10的石灰水涂干，并用稻草等秸秆包扎，以免枝、干开裂、染病。五是追肥促根。及时施腐熟的厩肥、垃圾、骨粉、过磷酸钙和焦泥灰等，以促发新根。鉴于涝害后的椪柑根系吸收能力较差，可用0.3%～0.5%的尿素加0.2%的磷酸二氢钾或15%的腐熟人尿水喷布2～3次，每5～7天喷1次。对树势衰弱的椪柑，可每隔2～3天喷布0.1%尿素加0.1%磷酸二氢钾，连喷2～3次。为防病害发生，根外追肥时可结合喷布70%甲基硫菌灵700～800倍液或多菌灵500～600倍液1～2次。六是适度修剪。对涝害后发生的枯枝、落叶和生长衰弱的树，应剪除枯枝、弱枝，并增施肥料，促其恢复树势。

五、椪柑受环境污染(公害)及其防止措施

环境污染对椪柑的危害，主要由大气污染和土壤污染所引起。随着工业的发展，公路交通的发达，空气中增加了有毒气体，这对椪柑地上部产生不可忽视的影响；农药、除草剂，甚至过量地使用化肥，使土壤中积累残毒，严重时会影响椪柑根系的正常生长。

(一)大气污染

据报道，大气污染主要是石油、煤炭、天然气等能源物质和矿石原料燃烧时产生的硫化物、尘埃、氮的氧化物和一氧化碳等，以及这些污染物质在太阳紫外线的作用下发生光化学反应再次产生的氧化物等有害物质。大气污染可对椪柑产生直接危害，也可产生如诱发椪柑病虫害、土壤酸化等间接危害。

1. 二氧化硫　椪柑在常绿果树中属对二氧化硫抗性较强的树种。有报道，高浓度的二氧化硫会使新梢叶片受害。二氧化硫对椪柑的间接影响表现为可使农药变质和使土壤酸化。防止二氧化硫污染的对策，最主要的是减少污染源，从而降低大气中有害气

体的浓度。其次是使椪柑树势健壮，不过多施用氮肥，适当增施钾肥。再就是对受二氧化硫污染的椪柑园，不喷波尔多液等农药，并用石灰来降低土壤的酸度。

2. 氮的氧化物　氮的氧化物对椪柑的危害，以二氧化氮毒性最强，其次是一氧化氮和硝酸根。二氧化氮对椪柑的危害症状与二氧化硫相似，毒性比二氧化硫小。二氧化氮与二氧化硫共存时对椪柑危害会成倍加重。防止的对策是尽量减少污染源。

3. 氧化物质（光化学反应物质）　氧化物质是能使中性碘化钾一类物质氧化产生游离碘的强氧化物的总称，也被称为总氧化性物质。汽车排出的废气中含有大量的氧化氮和碳氢化合物，这些污染物质经紫外线照射后生成再污染物质，称为光化学反应物质。这种光化学反应物质（氧化物质）是混合物，其主体是臭氧（占90%），此外是硝酸过氧化乙酰和二氧化氮等。氧化物质会导致椪柑落叶，树势变弱。防止的对策是减少污染源。

4. 氟化物　氟化物的污染源来自于电解厂、磷肥厂、陶瓷厂和砖瓦厂等，以氟氢化物的毒性最强。椪柑受氟化物危害会表现出叶缘变褐枯死，慢性受害会整叶黄化。防止的对策：淋水和喷水可减少椪柑植株中氟化物的积累。

5. 其他污染物质　重油燃烧和产生的煤尘煤粉可使椪柑幼嫩组织尤其是幼果明显受害。矿石等原料加热、粉碎、筛选和堆放过程中产生的尘埃积于叶面，影响叶片光合作用。水泥尘埃呈碱性，可使椪柑叶面角质层碱化，影响叶片光合作用、蒸腾作用。有机物不完全燃烧所产生的乙烯和乙烯工厂、煤气厂排出废气中的乙烯，会危害椪柑。据报道，浓度 10～20 毫克/千克的乙烯，46 小时就可使椪柑落叶。有效的防止对策是优化生态环境，减少污染源。

（二）水、土壤污染

工矿（企）业的废水，防治椪柑病虫害时喷布的农药，以喷布除草剂代替人工除草，如此年复一年的使用有污染的水、农药和除草剂，会使土壤中积累残毒，不利于椪柑生产。如农药中的砷、铅、铜等会对椪柑产生危害。防止的方法是减少污染源。

六、椪柑生理病害及其防治

生理病害是指椪柑的不正常的落叶、落花、落果、日灼和果实枯水等。以下着重介绍椪柑日灼和果实枯水。

(一)日灼(日烧)病及其防治

日灼病是果实开始或接近成熟时的一种生理病害。症状开始为小褐色斑点,继而逐渐扩大,呈现凹陷,形状和大小各不相同,果皮质地变硬,囊瓣失水,砂囊木质化,使果实失去食用价值。此外,大枝、树干的树皮受强光直射也会发生日灼。

1. *引起日灼病的主要因素* 主要是夏、秋高温和强烈光照暴晒,使果面温度达 40℃以上,由于果皮气孔和其他有助于水分蒸发的结构组织与叶片相比较不发达,而导致果皮组织的温度经常升到生理作用难以忍受的危害程度。特别是枳砧椪柑,因根系浅,在高温干旱时吸收利用水分的能力较差,使果实含水量降低,大量的热不能通过蒸发带走,进而果面尤其是受光部位出现日灼伤。据日本报道,紫外线也是日灼病的主要原因。

2. *防治措施* 一是深翻土壤,促进椪柑根系健壮,增加根系吸水的范围和能力,保持地上部与地下根系的平衡。二是及时灌水、喷雾,覆盖土壤减少水分蒸发,不使树体发生干旱。三是树干涂白。在易发生日灼果的树冠上、中部东南侧喷布 1%～2%的石灰水,西南侧最好种植防护林,以遮挡强日光和强紫外线的照射。四是日灼果发生初期,可用白纸贴于果实的日灼部位,或用纸袋套果,防效明显。

(二)枯水及其防治

枯水是椪柑果实延迟采收,尤其是贮藏过程中经常发生的生理病害。椪柑枯水的果实,果肉中的水分等物质向果皮转移,严重时果肉和果皮完全分离,汁少味淡,不堪食用。

椪柑果实枯水，受内、外因素的影响。在田间，果实枯水发生在成熟后期或过熟时。通常幼树比成年树发生多，树势强的树比树势弱的树发生多，大果比小果枯水果发生多。果实枯水先出现在果蒂（果梗先端），后逐步向果顶蔓延。枯水与果实的结构有关，特别是白皮层结构疏松的易枯水。如甜橙果实白皮层比宽皮椪柑紧密，甜橙较椪柑不易枯水；红橘白皮层结构较椪柑疏松，红橘较椪柑易枯水。

果实枯水，病因至今不明，尚无有效措施。据日本报道，用醋酸钙浸果，对果实枯水防效良好。

第十三章　柑桔病虫害及其防治

一、柑桔病害及其防治

(一)裂皮病

裂皮病是世界性的柑桔病毒病害，对感病砧木的植株可造成严重的危害。

1. 分布和症状　裂皮病在我国柑桔产区的枳砧柑桔上有发生。病树通常表现为砧木部树皮纵裂，严重的树皮剥落，有时树皮下有少量胶质，植株矮化，有的出现落叶枯枝，新梢短而少，见图 13-1。

图 13-1　裂皮病

2. 病原　由病毒引起，是一种没有蛋白质外壳的游离低分子核酸。

3. 发病规律　病原通过汁液传播。除通过带病接穗或苗木传播外，在柑桔园主要通过工具(枝剪、果剪、嫁接刀、锯等)所带病树汁液与健康株接触而传播。此外，田间植株枝梢、叶片互相接触也可由伤口传播。

4. 防治方法　一是用指示植物——伊特洛香橼亚利桑那 861 品系鉴定出无病母树进行嫁接。二是用茎尖嫁接培育脱毒苗。三是将枝剪、果剪、嫁接刀等工具，用 10%的漂白粉消毒(浸泡 1 分钟)后，用清水冲洗再使用。四是选用耐病砧木，如红橘、椪柑。五是一旦园内发现有个别病株，应及时挖除、烧毁。

(二)黄 龙 病

黄龙病又名黄梢病，系国内、外植物检疫对象。

1. *分布和症状* 我国广东、广西、台湾、海南等省、自治区和福建省南部的椪柑产区普遍发生；云南、贵州、四川、湖南、江西、浙江等省的部分椪柑产区也有发现。

黄龙病的典型症状有黄梢型和黄斑型，其次是缺素型。该病发病之初，病树顶部或外围1～2枝或多枝新梢叶片不转绿而呈均匀的黄化，称为黄梢型。黄梢型多出现在初发病树和夏、秋梢上，叶片呈均匀的淡黄绿色，且极易脱落。有的叶片转绿后从主、侧脉附近或叶片基部沿叶缘出现黄绿相间的不均匀斑块，称黄斑型。黄斑型在春、夏、秋梢病枝上均有。病树进入中、后期，叶片均匀黄化，先失去光泽，叶脉凸出，木栓化，硬脆而脱落。重病树开花多，结果少，且小而畸形；病叶少，叶片主、侧脉绿色，其脉间叶肉呈淡黄或黄色，类似缺锌、锰、铁等微量元素的症状，称为缺素型。病树严重时根系腐烂，直至整株死亡。黄龙病的3种黄化叶见图13-2。

果实上表现为不完全着色，仅在果蒂部与部分果顶部着色，其余均为绿色，果形表现为蒂部大、顶部大、腰凹小的"亚铃形"高圆果。果实极度变小。

2. *病原* 黄龙病为类细菌危害所致，它对四环素和青霉素等抗生素以及湿热处理较为敏感。

3. *发病规律* 病原通过带病接穗和苗木进行远距离传播。椪柑园内传播系柑橘木虱所为。幼树感病，成年树较耐病；春梢发病轻，夏、秋梢发病重。

4. *防治方法* 一是严格实行检疫，严禁从病区引苗木、接穗和果实到无病区(或保护区)。二是一旦发现病株，及时挖除、烧毁，以防蔓延。三是通过指示植物鉴定或茎尖嫁接脱除病原后建立无病母本园。四是砧木种子和接穗要用49℃热湿空气处理50

分钟，或用1 000毫克/千克盐酸四环素或盐酸土霉素浸泡2小时，或500毫克/千克盐酸四环素或盐酸土霉素浸泡3小时后取出用清水冲洗。五是隔离种植，选隔离条件好的地域建立苗圃或椪柑园，严防柑橘木虱。六是对初发病的结果树，用1 000毫克/千克盐酸四环素或青霉素注射树干，有一定的防治效果。

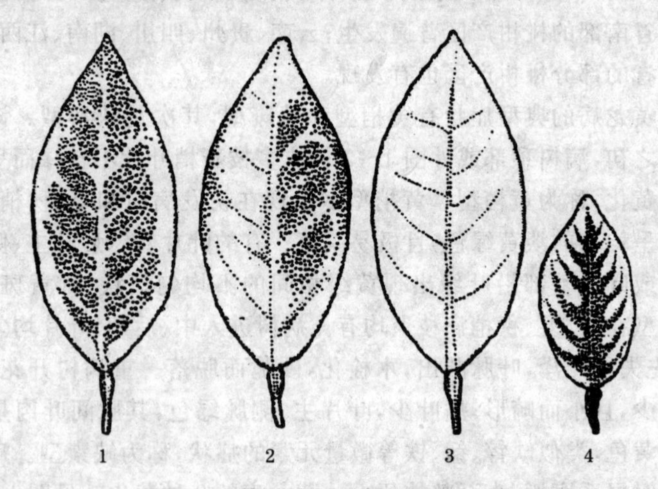

图13-2 黄龙病树的3种黄化叶

1，2. 斑驳黄化叶 3. 均匀黄化叶 4. 缺素型黄化叶

(三)溃 疡 病

溃疡病是椪柑的细菌性病害，为国内、外植物检疫对象。

1. 分布和症状 我国椪柑产区有发生，以东南沿海各地为多。该病危害椪柑嫩梢、嫩叶和幼果。叶片发病开始在叶背出现针尖大的淡黄色或暗绿色油渍状斑点，而后扩大呈灰褐色近圆形病斑。病斑穿透叶片正、反两面并隆起，且叶背隆起较叶面明显，中央呈火山口状开裂，木栓化，周围有黄褐色晕圈。枝梢上的病斑与叶片上的病斑相似，但较叶片上的更为突起，有的病斑环绕枝1圈使枝枯死。果实上的病斑与叶片上的病斑相似，但病斑更大，木栓化突起更显著，中央火山口状开裂更明显（图 13-3）。

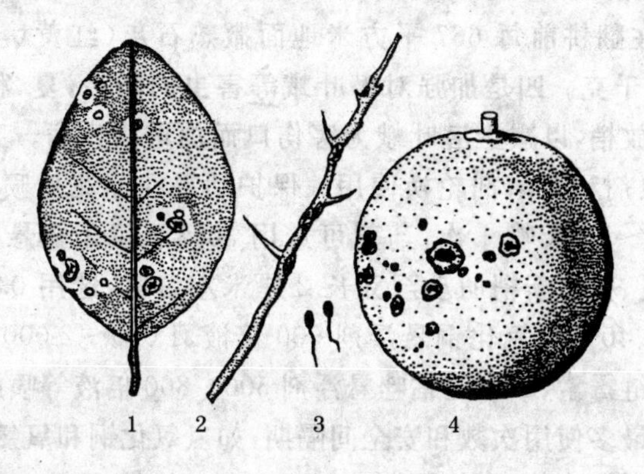

图 13-3 溃疡病

1. 病叶 2. 病枝 3. 病原细菌 4. 病果

2. *病原* 该病由野油菜黄单胞杆菌柑橘致病变种引起，已明确有 A、B、C 3 个菌系存在。我国的柑橘溃疡病均属 A 菌系，即致病性强的亚洲菌系。

3. *发病规律* 病菌在病组织上越冬，借风、雨、昆虫和枝叶接触进行近距离传播，远距离传播由苗木、接穗和果实引起。病菌从伤口、气孔和皮孔等处侵入。夏梢和幼果受害严重，秋梢次之，春梢轻。气温 25℃～30℃和多雨、大风条件会使溃疡病盛发，感染 7～10 天即发病。苗木和幼树受害重，甜橙和幼嫩组织易感病，老熟和成熟的果实不易感病。

4. *防治方法* 一是严格实行植物检疫，严禁带病苗、接穗、果实进入无病区，一旦发现，立即彻底销毁。二是建立无病苗圃，培育无病苗。三是加强栽培管理，彻底清除病源。增施有机肥、钾肥，搞好树盘覆盖；在采果后及时剪除溃疡病枝，清除地面落叶、病果并烧毁；对老枝梢上有病斑的，用利刀削除病斑，深达木质部，并涂上 3～5 波美度石硫合剂，树冠喷 0.8～1 波美度石硫合剂 1～2

次;“霜降”前全园翻耕,株间深翻15～30厘米,树盘内深翻10～15厘米,在翻耕前每667平方米地面撒熟石灰(红黄壤酸性土)100～150千克。四是加强对潜叶蛾等害虫的防治,夏、秋梢采取人工抹芽放梢,以减少潜叶蛾为害伤口而加重溃疡病。五是药剂防治,杀虫剂和杀菌剂轮换使用。保护幼果在谢花后喷2～3次药,每隔7～10天喷1次,药剂可选用30%氧氯化铜悬浮剂700倍液;在夏、秋梢新梢萌动至芽长2厘米左右时,选用0.5%等量波尔多液、40%氢氧化铜悬浮剂600倍液、1 000～2 000毫克/千克的农用链霉素、25%噻枯唑悬浮剂500～800倍液等喷施。注意药剂每年最多使用次数和安全间隔期,如氢氧化铜和氧氯化铜,每年最多使用5次,安全间隔期30天。

(四)碎叶病

1. *分布和症状*　四川、重庆、广东、广西、浙江和湖南等省、自治区、直辖市均有发生。其症状是病树砧穗结合处环缢,接口以上的接穗肿大(图13-4)。叶脉黄化,植株矮化,剥开结合部树皮,可见砧穗木质部间有一圈缢缩线,此处易断裂,裂面光滑。严重时叶片黄化,类似环剥过重出现的黄叶症状。

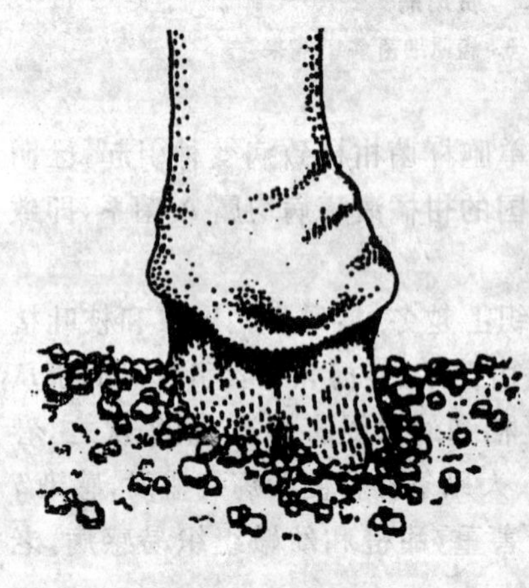

图13-4　碎叶病

2. *病原*　由碎叶病毒引起,是一种短线状病毒。

3. *发病规律*　枳橙砧上感病后有明显症状。该病除了可由带病苗木和接穗传播外,在田间还可通过污染的刀、剪等工具传播。

4. *防治方法*　一是严格实行植物检疫,严禁带病苗木、接穗、果实进入无病区,一旦发现,立即烧毁。二是建立无病苗圃,培育无病毒苗。无病毒母株(苗),一可通过指示植物鉴定,选择无病毒母树；二可通过热处理消毒，获得无病毒母株，在人工气候箱或生长箱中，每天白天 16 小时，40℃，光照；夜间 8 小时，30℃，黑暗；处理带病椪柑苗 3 个月以上可获得无病毒苗。三可用热处理和茎尖嫁接相结合进行母株脱毒。在生长箱中处理，每天光照和黑暗各 12 小时，35℃处理 19～32 天，或昼 40℃、夜 30℃处理 9 天加昼 35℃、夜 30℃处理 13～20 天，接着取 0.2 毫米长的茎尖进行茎尖嫁接，可获得无病毒苗。三是对刀、剪等工具，用 10％的漂白粉液进行消毒，用清水冲洗后再使用。四是对枳砧已受碎叶病侵染，嫁接部出现障碍的植株，采用靠接耐病的红橘砧，可恢复树势，但此法在该病零星发生时不宜采用。五是一旦发现零星病株，挖除并烧毁。

（五）疮痂病

1. *分布和症状* 椪柑产区有发生，以沿海的椪柑产区为多。主要危害嫩叶、嫩梢、花器和幼果等。叶片上的病斑初期为水渍状褐色小圆点，后扩大为黄色木栓化病斑。病斑多在叶背呈圆锥形突起，正面凹陷。病斑相连后使叶片扭曲畸形。新梢上的病斑与叶片上相似，但突起不如叶片上明显。花瓣受害后很快凋落。病果受害处初为褐色小斑，后扩大为黄褐色圆锥形木栓化瘤状突起，呈散生或聚生状；严重时果实小，果皮厚，果味酸，而且出现畸形和早落现象。

2. *病原* 疮痂病菌属半知菌亚门痂圆孢属的柑橘疮痂圆孢菌。

3. *发病规律* 病菌以菌丝体在病组织中越冬。翌年春，阴雨潮湿，气温达 15℃以上时，便产生分生孢子，借风、雨和昆虫传播。危害幼嫩组织，尤以未展开的嫩叶和幼果最易感染。

4. *防治方法* 一是在冬季剪除并烧毁病枝、叶，消灭越冬病源。二是加强肥水管理，促进抽生整齐健壮的枝梢。三是春梢新芽萌动至芽长 2 厘米前及谢花 2/3 时喷药，隔 10～15 天再喷 1 次，秋梢发病地区也需保护。药剂可选用 0.5％等量式波尔多波，或50%的多菌灵可湿性粉剂1 000倍液,或25%的溃疡灵水剂800～1 000倍液,或30%氧氯化铜600～800倍液,或77%氢氧化铜可湿性粉剂400～600倍液。

(六)脚腐病

1. 分布和症状　脚腐病又叫裙腐病、烂蔸病,是一种根颈病。我国椪柑产区均有发生。病部呈不规则的黄褐色水渍状腐烂,有酒精味,天气潮湿时病部常流出胶液;干燥时病部变硬结成块,以后扩展到形成层,甚至木质部。病、健部界限明显,最后皮层干燥翘裂,木质部裸露。在高温多雨季节,病斑不断向纵横扩展,沿主干向上蔓延,可延长达30厘米,向下可蔓延到根系,引起主根、侧根腐烂;当病斑向四周扩散,可使根颈部树皮全部腐烂,形成环割而导致植株死亡(图13-5)。病害蔓延过程中,与根颈部位相对应的树冠,叶片小,叶片中、侧脉呈深黄色,以后全叶变黄脱落,且使落叶枝干枯,病树死亡。当年或前一年,开花结果多,但果小,提前转黄,且味酸易脱落。

图13-5　脚腐病

1. 病状　2. 病原菌(寄生疫霉菌的孢子囊及游动孢子)

2. 病原　已明确系由疫霉菌引起,也有认为是疫霉和镰刀菌复合传染。

3. 发病规律　病菌以菌丝体在病组织中越冬,也可随病残体在土壤中越冬。靠雨水传播，田间 4～9 月份均可发病，但以 7～8 月份最盛。高温、高湿、土壤排水不良、园内间种高秆作物、种植密度过大、树冠郁闭、树皮损伤和嫁接口过低等均利于发病。甜橙砧感病，枳砧耐病，幼树发病轻，大树尤其是衰老树发病重。

4. *防治方法* 一是选用枳、红橘等耐病的砧木。二是栽植时，苗木的嫁接口要露出土面，可减少、减轻发病。三是加强栽培管理，做好土壤改良，开沟排水，改善土壤通透性，注意间作物及柑橘的栽植密度，保持园地通风，光照良好等。四是对已发病的植株，选用枳砧进行靠接，重病树进行适当的修剪，以减少养分损失。五是药物治疗。病部浅刮、深纵刻，药物可选择：20%甲霜灵可湿性粉剂 100～200 倍液、80%乙磷铝可湿性粉剂 100 倍液、77%氢氧化铜可湿性粉剂 10 倍液和 1∶1∶10 的波尔多液等。六是用大蒜、人尿等涂刮病斑后的患处，也有良好防效。方法是：将病树腐烂部位的组织及周围 0.5 厘米的健皮全部刮除，沿刮除区外缘将树皮削成 60°左右的斜面，然后用大蒜涂抹患处，注意涂时均匀，使其附着一层蒜液，1 周后再涂 1 次，治愈率 98%以上。人尿治疗具体做法是：在离病斑 0.5 厘米的周围健部用利刀刻划，然后在病斑上以 0.5 厘米（小一点更好）的间隔，纵横刻划多道切口，深达木质部，刷上人尿即可，也可刮皮刷治。

（七）炭疽病

1. *分布和症状* 我国柑橘产区均有发生。危害枝梢、叶片、果实和苗木，有时花、枝干和果梗也受危害，严重时引起落叶枯梢，树皮开裂，果实腐烂。叶片上的叶斑分叶斑型和叶枝型 2 种。病枝上的病斑也是 2 种：一种是多从叶柄基部腋芽处开始，为椭圆形至长菱形，稍下凹，病斑环绕枝条时，枝梢枯死，呈灰白色，叶片干挂枝上；另一种是在晚秋梢上发生，病梢枯死部呈灰白色，上有许多黑点，嫩梢遇阴雨时，顶端 3～4 厘米处会发现烫伤状，经 3～5 天即呈现凋萎发黑的急性症状。受害苗木多从地面 7～10 厘米嫁接口处发生不规则的深褐色病斑，严重时顶端枯死。花朵受害后，雌蕊柱头常引起褐腐而落花(称花萎症)。幼果受害后,果梗发生淡黄色病斑,后变为褐色而干枯,果实脱落或呈僵果挂在枝上。大果染病后出现干疤、泪痕和落果3种症状。炭疽病也是重要的贮藏病害。

2. *病原* 病菌属半知菌亚门的有刺炭疽孢属的胶孢炭疽菌。

3. *发病规律* 病菌在组织内越冬,分生孢子借风、雨、昆虫传播,从植株伤口、气孔和皮孔侵入。通常在春梢后期开始发病,以夏、秋梢发病多。

4. *防治方法* 一是加强栽培管理。深翻土壤改土,增施有机肥,并避免偏施氮肥、忽视磷、钾肥的倾向,特别是应多施钾肥(如草木灰);做好防冻、抗旱、防涝和其他病虫害的防治工作,以增强树势,提高树体的抗性。二是彻底清除病源。剪除病枝梢、病叶和病果梗,集中烧毁,并随时注意清除落叶落果。三是药剂防治。在春、夏、秋梢嫩梢期各喷1次,着重在幼果期喷1～2次,7月下旬至9月上中旬果实生长发育期15～20天喷1次,连续喷2～3次。药剂可选择0.5%等量式波尔多液、30%氧氯化铜(王铜)悬浮剂600～800倍液、77%氢氧化铜(可杀得)可湿性粉剂400～600倍液、80%代森锰锌可湿性粉剂(大生M-45)400～600倍液、溴菌腈(炭特灵)1 500～2 000倍液。

防治苗木炭疽病应选择有机质丰富、排水良好的砂壤土做苗床,并实行轮作。发病苗木要及时剪除病枝叶或拔除烧毁。尤其要注意春、秋季节晴雨交替时期的喷药,药剂同上。

(八)树脂病

1. *分布与症状* 树脂病在我国椪柑产区均有发生。因发病部位不同而有多个名称:在主干上称树脂病;在叶片和幼果上称沙皮病;在成熟或贮藏果实上称蒂腐病。枝干症状分流胶型和干枯型。流胶型病斑初为暗褐色油渍状,皮层腐烂坏死变褐色,有臭味,此后危害木质部并流出黄褐色半透明胶液,当天气干燥时病部逐渐干枯下陷,皮层开裂剥落,木质部外露。干枯型的病部皮层红褐色，干枯略下陷，有裂纹，无明显流胶。但两种类型病斑木质部均为浅褐色，病健交界处有一黄褐色或黑褐色痕带，病斑上有许多黑色小点。病菌侵染嫩叶和幼果后使叶表面和果皮产生许多深褐色散生或密集小点，使表皮粗糙似沙粒，故称沙皮病（图 13-6）。衰弱或受冻害的枝顶端呈现明显褐色病斑，病健交界处有少量流胶，严重时枝条枯死，表面生出许多黑色小点称为枯枝型；病菌危害成熟果实在贮藏中会发生蒂腐病（见贮藏病害）。

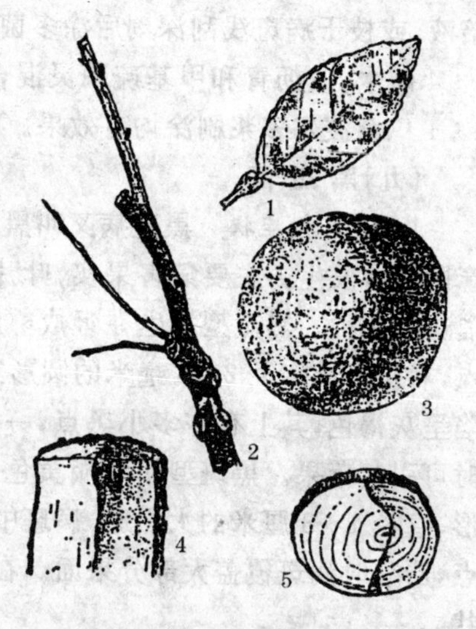

图 13-6　树脂病

1. 病叶　2. 病枝　3. 病果　4. 被害树干纵剖面　5. 被害树干横剖面

2. *病原*　真菌引起，其有性阶段称柑橘间座壳菌，属子囊菌亚门；无性世代属半知菌亚门。

3. *发病规律*　病菌以菌丝体或分生孢子器生存在病组织中，分生孢子借风、雨、昆虫和鸟类传播，10℃时分生孢子开始萌发，20℃和高湿条件最适于其生长繁殖。春、秋季易发病，冬、夏梢发病缓慢。病菌在生长衰弱、有伤口、受冻害时才被侵染，故冬季低温冻害有利于病菌侵入，木质部、韧皮部皮层易感病。大枝和老树易感病，发病的关键是湿度。

4. *防治方法*　一是加强栽培管理，深翻土壤，增施有机肥、钾肥，以增强树势，提高树体抗性。二是防止冻害、日灼。三是认真清园，结合修剪将病虫枝、枯枝、机械损伤枝剪除，挖除病枯树桩和死树，集中烧毁，以减少病源。四是药剂防治。在春梢萌发和幼果期各喷 1 次药，药剂可选择 70％甲基硫菌灵或 50％多菌灵 1 000

倍液，或枝干病斑浅刮深刻后涂多菌灵或甲基硫菌灵 100 倍液，或 1∶4 碱水，或沥青和甲基硫菌灵混合液（比例 100∶1）刷涂，或用 1∶1∶10 波尔多浆刷涂均有效果。

（九）黑斑病

1. 分布和症状　黑斑病又叫黑星病，在长江流域以南的椪柑产区均有发生。主要危害果实，叶片受害较轻。症状分黑星型和黑斑型 2 种。黑星型发生在近成熟的果实上，病斑初为褐色小圆点，后扩大成直径 2～3 毫米的圆形黑褐色斑，周围稍隆起，中央凹陷呈灰褐色，其上有许多小黑点，一般只危害果皮；果实上病斑多时可引起落果。黑斑型初为淡黄色斑点，后扩大为圆形或不规则形、直径 1～3 厘米的大黑斑，病斑中央稍凹陷，上生许多黑色小粒点，严重时病斑覆盖大部分果面。在贮藏期间果实腐烂，僵缩如炭状。

2. 病原　该病由半知菌亚门茎点属所致，其无性阶段为柑橘茎点霉菌，有性阶段称柑橘球座菌。

3. 发病规律　主要以未成熟子囊壳和分生孢子器落在叶上越冬，也可以分生孢子器在病部越冬。病菌发育温度 15℃～38℃，最适 25℃，高湿有利于发病。大树比幼树发病重，衰弱树比健壮树发病重。田间 7～8 月份开始发病，8～10 月份为发病高峰。

4. 防治方法　一是冬剪剪除病枝、病叶，清除园内病枝、叶烧毁，以减少越冬病源。二是加强栽培管理，增施有机肥，及时排水，促壮树体。花后 1 个月至 1.5 个月喷药，15 天左右 1 次，连续 3～4 次。药剂可选用 0.5％等量式波尔多液，或多菌灵可湿性粉剂 1 000倍液，或 45％石硫合剂结晶 180 倍液（用于冬季和早春清园）、30％氧氯化铜悬浮剂 600～800 倍液，或 77％氢氧化铜可湿性粉剂 400～600 倍液。

（十）苗期立枯病

1. 分布和症状　我国椪柑产区均有发生。由于发病时间和部位不同，该病有青枯型、顶枯型和芽腐型 3 种症状。幼苗根颈部萎缩或根部皮层腐烂，叶片凋萎不落，很快青枯死亡的为青枯型；顶部叶片感病后产生圆形或不定形褐色病斑，并很快蔓延枯死的为顶枯型；幼苗胚伸出地面前受害变黑腐烂的为芽腐型。

2. *病原* 系多种真菌所致，其中主要有立枯丝核菌、疫霉和茎点霉菌。

3. *发病规律* 以菌丝体或菌核在病残体或土壤中越冬，条件适宜时传播、蔓延。田间 4～6 月份发病多，高温、高湿、大雨或阴雨连绵后突然暴晒时发病多而重。幼苗 1～2 片真叶时易感病，60 天以上的苗较少发病。

4. *防治方法* 一是选择地势较高，排水良好的砂壤土育苗。二是避免连作，实行轮作，雨后要及时松土。三是及时拔除并销毁病苗，减少病源。四是药剂防治。播种前 20 天，用 5%棉隆颗粒，以30～50 克/平方米用量进行土壤消毒，或采用无菌土营养袋育苗。田间发现病株时喷药防治，每隔 10～15 天 1 次，连续 2～3 次，药剂可选 70%甲基托布津可湿性粉剂，或 50%多菌灵可湿性粉剂 800～1 000 倍液，或 0.5∶0.5∶100 的波尔多液，或大生 M-45 可湿性粉剂 600～800 倍液，或 25%甲霜灵可湿性粉剂 200～400 倍液等。

(十一)苗疫病

1. *分布和症状* 我国椪柑的不少产区均有发生。此病危害幼苗的茎、枝梢及叶片，幼嫩部分受害尤重。幼茎发病通常在嫁接口以上 3～5 厘米处，呈浅黑色小斑，扩大后变为褐色或黑褐色，大多有流胶现象。当病斑环绕幼茎后，上部叶片萎蔫，最后整株枯死。枝梢受害呈褐色或黑褐色病斑，罹病嫩梢有时呈软腐状，引起枯梢。叶片受害时，大多数从叶尖或叶缘开始，嫩叶病斑浅褐色或褐色，老叶病斑为黑褐色。也有叶片中间形成圆形或不规则形大斑，病斑中央呈浅褐色，周围呈深褐色，有时有浅褐色晕圈。病叶易脱落，严重时整株幼苗叶片几天内可全部脱落。湿度大时，新梢病部有时生出白色霉状物，幼苗根部受害呈褐色或黑褐色根腐而枯萎。

2. *病原* 是一种真菌，属鞭毛菌亚门疫霉菌属。以菌丝体在病组织中越冬，也可以卵孢子在土壤中越冬。

3. *发病规律* 气候条件是本病发生的主要因素，空气相对湿度达 80%以上时，温度越高发病中心和新病斑形成越快，而相对湿度在 70%以下时，病斑难以形成，已发病的中心也难以扩散。该病春季和秋季较重，其中又以春、秋梢转绿期间发病迅速，老熟的枝梢和叶片较抗病。

4. *防治方法* 一是苗圃要选择地势高，排水良好，土质疏松的新地，合理轮作，避免连作，苗木种植不宜过密。二是加强管理，及时挖除病株。三是药剂防治。可选用 25%瑞毒霉（甲霜灵）可湿性粉剂 1 000倍液，或 80%乙磷铝可湿性粉剂 400～500 倍液在发病期间喷施，防效良好。

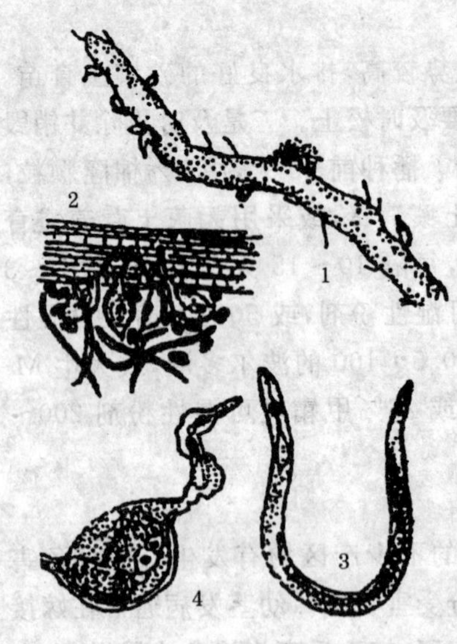

图 13-7 根线虫病

1. 须根上寄生的雌成虫及卵囊 2. 病根剖面 3. 幼虫 4. 雌成虫

(十二)根线虫病

1. *分布和症状* 我国的柑桔产区有发生。为害须根，受害根略粗短，畸形、易碎，无正常应有的黄色光泽。植株受害初期，地上部无明显症状，随着虫量增加，受害根系增多，植株会表现出干旱、营养不良症状，抽梢少而晚，叶片小而黄，且易脱落，顶端小枝会枯死。根线虫幼虫、雌成虫等，见图 13-7。

2. *病原* 由半穿刺线虫属的柑橘半穿刺线虫所致。

3. *发病规律* 主要以卵和 2 龄幼虫在土壤中越冬，翌年春发新根时以2龄虫侵入。虫体前端插入寄主皮内固定，后端外露。由带病的苗木和土壤传播，雨水和灌溉水也能作近距离传播。

4. 防治方法　一是加强苗木检验，培育无病苗木。二是选用抗病砧，如枳橙和某些枳作砧木。三是加强肥水管理，增施有机肥和磷、钾肥，促进根系生长，提高抗病力。四是药剂防治。2～3月份在病树四周开环形沟，平均每667平方米施15%铁灭克5千克，10%克线灵或10%克线丹颗粒5千克，按原药：细沙土为1：15的比例，配制成毒土，均匀深埋于树干周围进行杀灭即可。

(十三)根结线虫病

1. 分布和症状　华南椪柑产区有发生。线虫侵入须根，使根组织过度生长，形成大小不等的根瘤，最后根瘤腐烂，病根死亡。其他症状同根线虫。

2. 病原　由根结线虫属的柑橘根结线虫所致。

3. 发病规律　主要以卵和雌虫越冬。环境适宜时，卵在卵囊内发育为1龄幼虫，蜕皮后破卵壳而出，成为2龄幼虫，活动于土中，并侵染嫩根，在根皮和中柱间为害，且刺激根组织过宽生长，形成不规则的根瘤。一般在通透性好的沙质土中发病重。

4. 防治方法　与根线虫同。

(十四)黄 斑 病

黄斑病又名脂点黄斑病、脂斑病、褐色小圆星病。

1. 分布和症状　黄斑病在我国不少椪柑产区有发生。受害植株一片叶片上可生数十个或上百个病斑，使叶片光合作用受阻，树势被削弱，引起大量落叶，对产量造成一定的影响。枝梢受害后僵缩不长，影响树冠扩大。果实被害后，产生大量油瘤污斑，影响果实商品性。

黄斑病有脂点黄斑型、褐色小圆星型、混合型(即一片叶片上既发生脂点黄斑型的病斑，又有褐色小圆星型病斑)和果上症状等4种。

2. 病原　该病是子囊菌亚门球腔菌属的柑橘球腔菌侵染所致。

3. 发病规律　病菌以菌丝体在病叶和落叶中越冬。翌年春子囊果释放子囊孢子，借风、雨水等传播。该病原菌生长适温为25℃左右，5～6月份温暖多雨，最利于子囊孢子的形成、释放和传播危害。栽培管理粗放，树势衰弱，清园不彻底会加重发病。

4. 防治方法　一是加强栽培管理，增施有机肥、钾肥，增强树势，提高树体抗病力。二是冬季彻底清园，剪除病枝、病叶，清除地面病枝、病叶、病果，集中烧毁。三是药剂防治。结果树谢花2/3时，未结果树春梢叶片展开后第一次喷药，相隔20天再喷1～2次。药剂选用50%多菌灵可湿性粉剂800～1000倍液，或70%代森锰锌可湿性粉剂500倍液，或0.5%等量式波尔多液。

(十五)拟脂点黄斑病

1. 分布和症状　我国不少椪柑产区有发生。症状与黄斑病的症状相似。一般6～7月份在叶背出现许多小点，其后周围变黄，病斑不断扩大老化，病部隆起，小点可连结成不规则的大小不一的病斑，颜色黑褐，病斑相对应处的叶面也出现不规则的黄斑。

2. 病原　似黄斑病。

3. 发病规律　与黄斑病相似，该病发生与螨类严重发生、风害等有关，红蜘蛛、锈壁虱为害重的叶片、受风害的叶片，易发生此病。

4. 防治方法　与黄斑病防治相同。

(十六)贮藏病害

椪柑的贮藏病害主要有2大类：一类是由病原物侵染所致的侵染性病害，如青霉病、绿霉病、蒂腐病等；另一类是生理性病害，如褐斑病(干疤)、水肿等。

1. 青霉病和绿霉病

(1)分布和症状　椪柑的青霉病、绿霉病均有发生，绿霉病比青霉病发生多。青霉病发病适温较低，绿霉病发病适温较高。青、绿霉菌病初期症状相似，病部呈水渍状软腐，病斑圆形，后长出霉状菌丝，并在其上出现粉状霉层。但两种病症也有差异，后期症状区别尤为明显。两种病症状比较，见表13-1。

表 13-1　青霉病与绿霉病的症状比较

病害名称	青霉病	绿霉病
孢子丛	青绿色,可发生在果皮上和果心空隙处	橄榄绿色,只发生在果皮上
白色菌丝体	较窄,仅 1～2 毫米,外观呈粉状	较宽,8～15 毫米,略带胶着状,有皱纹
病部边缘	有水渍状,规则而明显	水渍状,边缘不规则,不明显
黏着性	对包果纸和其他接触物无黏着力	包果纸黏在果上,也易与其他接触物黏结
气　味	有霉味	有芳香气味

(2)病原　青霉病由意大利青霉侵染所引起,它属半知菌,分生孢子无色,呈扫帚状。绿霉菌由指状青霉所侵染,分生孢子串生,无色单胞,近球形。

(3)发病规律　病菌通过气流和接触传播,由伤口侵入,青霉病发生的最适温度 18℃～21℃,绿霉病发生的最适温度为 25℃～27℃,空气相对湿度均要求 95%以上。

(4)防治方法　一是适时采收果实。二是精细采收,尽量避免伤果。三是对贮藏库、窖等用硫黄熏蒸,紫外线照射或喷药消毒,每立方米空间 10 克,密闭熏蒸消毒 24 小时。四是采下的椪柑果实用药液浸 1 分钟,集中处理,并在采果当天处理完毕。药剂可选 25%戴挫霉乳油 500～1 000 毫克/千克,或用噻菌灵(特克多,TBZ)可湿性粉剂 500～1 000 毫克/千克。五是改善贮藏条件,通风库以温度 5℃～9℃、空气相对湿度 90%为宜。

2. 炭疽病

(1)分布和症状　该病是椪柑贮藏保鲜中、后期发生较多的病害。常见的症状有 2 种:一种是在干燥贮藏条件下,病斑发展缓慢,限于果面,不侵入果肉。另一种是在湿度较大的情况下产生软腐型病斑，病斑发展快，且危及果肉。在气温较高时，病斑上还可产生粉红色黏着状的炭疽孢子。病果有酒味或腐烂味。

(2)病原　由属于半知菌亚门的盘长孢子状刺盘孢所致。

(3)发病规律　病菌在病组织上越冬。分生孢子经风、雨、昆虫传播，从伤口或气孔侵入。寄主生长衰弱，高温、高湿时易发生。病菌从果园带入，在果实贮藏期间发病。

(4)防治方法　一是加强田间管理，增强寄主抵抗力。二是冬季结合清园，剪除病枝，烧毁。三是多发病果园，抽梢后喷施退菌特 500～700 倍液，杀灭炭疽病菌，以免果实贮藏期间受危害。

3. 蒂腐病

(1)分布和症状　我国椪柑产区均有发生。分褐色蒂腐病和黑色蒂腐 2 种。褐色蒂腐病症状为果实贮藏后期果蒂与果实间皮层组织因形成离层而分离，果蒂中的维管束尚与果实连着，病菌由此侵入或从果梗伤口侵入，使果蒂部发生褪色病斑。由于病菌在囊、瓣间扩展较快，使病部边缘呈波纹状深褐色，内部腐烂较果皮快，当病斑扩展至 1/3～1/2 时，果心已全部腐烂，故名穿心烂。黑色蒂腐病多从果蒂或脐部开始，病斑初为浅褐色、革质，后蔓延全果，病斑随囊瓣排列而蔓延，使果面呈深褐蒂纹直达脐部，用手压病果，常有琥珀色汁流出。高湿条件下，病部长出污黑色气生菌丝，干燥时病果呈黑色僵果，病果肉腐烂。

(2)病原　褐色蒂腐由柑橘树脂病所致。黑色蒂腐病的病原有性阶段为柑橘囊孢壳菌，属子囊菌；在病果上常见其无性阶段，病原称为蒂腐色二孢菌，属半知菌亚门。

(3)发病规律　病菌从果园带入，在果实贮藏期间才发病。病菌从伤口或果蒂部侵入，果蒂脱落、干枯和果皮受伤均易引起发病，高温、高湿有利于该病发生。

(4)防治方法　一是加强田间管理，将病原杀灭在果园。二是适时、精细采收，减少果实伤口。三是对运输工具、贮藏库(房)进行消毒。四是药剂防治同青、绿霉防治。

4. 褐斑病

(1)分布和症状　褐斑病又称干疤，是椪柑果实贮藏中发生的一种病害，尤其是不用薄膜包裹的发生较多。通常果实贮藏1～2个月开始发病，且随着贮藏期的延长发病增多。病果蒂缘凹陷并扩散，病斑有网状、块状、点状和木栓状等形状。其中块状和木栓状多数病斑带菌；网状和点状为生理病害。干疤多数只危害果皮，但病斑扩大时果实会产生酒味，继而感染青、绿霉病。

(2)病原　不清楚，有人认为是果实失水皱缩、机械伤和油胞凹陷所致。

(3)发病规律　该病田间也发生，贮藏期间低湿是发病的主要原因。

(4)防治方法　一是提高贮藏环境的湿度。二是采用薄膜包果，使果实保持新鲜。三是采果后经短期高温、高湿处理(40℃、95%)，时间4～6小时可减少褐斑病发生。四是适当早采，但过早采收，果实易萎缩，也易致褐斑。五是其他防治方法同青、绿霉病的防治。

5. 水肿

(1)分布和症状　水肿是冷库和气调库贮藏中出现的生理病害。病果初期是果皮失去光泽，显出由里向外渗透的浅褐色斑点。以后逐渐发展成片，严重时整个果实呈“水煮熟状”。其白皮层和维管束也变为浅褐色，易与果肉分离，囊壁出现许多白色小点。病果有异味。

(2)病原　生理性病害，系长期处于不适宜低温或氧气不足，或二氧化碳过量环境中，导致果实生理失调所致。

(3)发病规律　库温在3℃以下，二氧化碳3%以上的库内易发生水肿。此外，高湿可促使水肿提早发生和蔓延。贮藏中，用薄膜包果比用纸包果的发病多。

(4)防治方法 一是适时采收。二是贮藏库内温度不宜过低(3℃以上)，湿度不宜过高，经常通风透气，使二氧化碳浓度不超过

1%,氧的浓度不低于19%,良好的贮藏环境可抑制水肿病的发生。

(十七)红蜘蛛

1. 分布和为害症状　红蜘蛛又叫橘全爪螨,属叶螨科。我国椪柑产区均有发生。它除了为害柑橘以外,还为害梨、桃和桑等经济树种。主要吸食叶片、嫩梢、花蕾和果实的汁液,尤以嫩叶受害为重。叶片受害初期为淡绿色,后出现灰白色斑点,严重时叶片呈灰白色而失去光泽,叶背布满灰尘状蜕皮壳,并引起落叶。幼果受害,果面出现淡绿色斑点;成熟果实受害,果面出现淡黄色斑点;果蒂受害导致大量落果。

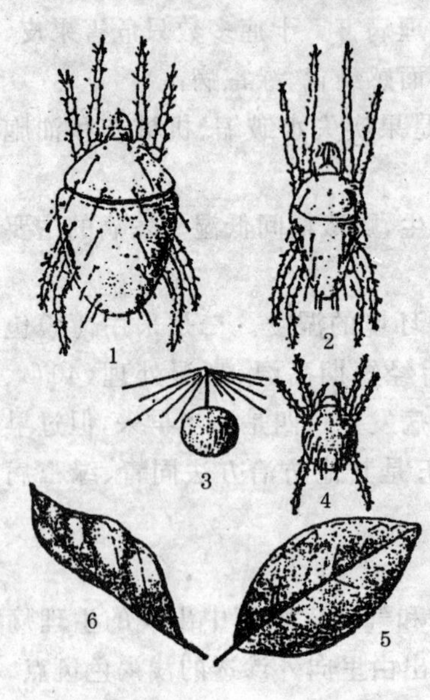

图 13-8　红蜘蛛

1. 雌成虫　2. 雄成虫　3. 卵　4. 幼虫　5. 正常叶　6. 叶片受害状

2. 形态特征　雌成螨椭圆形,长0.3～0.4毫米,红色至暗红色,体背和体侧有瘤状凸起。雄成螨体略小而狭长。卵近圆球形,初为橘黄色,后为淡红色,中央有一丝状卵柄,上有10～12条放射状丝。幼螨近圆形,有3对足。若螨似成螨,有4对足(图13-8)。

3. 生活习性　红蜘蛛1年发生12～20代,田间世代重叠。冬季多以成螨和卵在枝叶上,在多数椪柑产区无明显越冬阶段。当气温达12℃时,虫口渐增,20℃时盛发,20℃～30℃的气温和60%～70%的空气相对湿度是红蜘蛛发育和繁殖的最适条件。红蜘蛛有趋嫩性、趋光性和迁移性。叶面和背面虫口均多。在土壤瘠薄、向阳的山坡地,红蜘蛛发生早而重。

4. 防治方法　一是利用食螨瓢虫、日本方头甲、塔六点蓟马、草蛉、长须螨和钝绥螨等天敌防治红蜘蛛，并在果园种植藿香蓟、白三叶、百喜草、大豆、印度豇豆，冬季还可种植豌豆、肥田萝卜和紫云英等。还可生草栽培，创造天敌生存的良好环境。二是干旱时及时灌水，可以减轻红蜘蛛为害。三是科学用药，避免滥用，特别是不能用对天敌杀伤力大的广谱性农药。科学用药的关键是掌握防治指标和选择药剂种类。一般春季防治指标在 3～4 头/叶，夏、秋季防治指标 5～7 头/叶，天敌少的防治指标宜低，反之，天敌多的，防治指标宜高。药剂要选对天敌安全或较为安全的。通常冬季、早春可选 95%机油乳剂 200 倍液；开花前气温较低，可选用 5%尼索朗(噻螨特)3 000 倍液，或 5%霸螨灵可湿性粉剂 3 000 倍液；生长期可选 73%克螨特乳油 3 000 倍液，或 15%速螨酮乳油 2 000～3 000 倍液，或 25%三唑锡可湿性粉剂 1 500～2 000 倍液，或 50%托尔克可湿性粉剂 2 000～3 000 倍液，或 45%石硫合剂结晶 250～300 倍液等。

(十八)侧多食跗线螨

1. 分布和为害症状　侧多食跗线螨又名茶黄螨、半跗线螨、白蜘蛛。我国不少柑橘产区和三峡库区产区均有发生。寄主植物除柑橘外，还有银杏、板栗、杧果、桃、梨、茶叶、辣椒和茄子等 64 种植物。幼螨和成螨为害柑橘的幼芽、嫩叶、嫩枝和幼果。受害的幼芽不能抽出展开，形成一丛丛的胡椒籽状；受害的嫩枝变成灰白色至灰褐色，表面木栓化，并产生龟裂；受害的嫩叶增厚变窄，呈柳叶状；受害的幼果畸形变小，果皮增厚，呈灰白色至灰褐色，并引起落果。

2. 形态特征　雌成虫椭圆形，体长 0.15～0.25 毫米，宽 0.11～0.16 毫米，淡黄色至黄色，沿背中线有 1 条白色条纹，由前向后逐渐增宽，足 4 对其中第四对细而退化。雄体近菱形、扁平，尾部稍尖，长 0.12～0.2 毫米，宽 0.05～0.12 毫米，淡黄色至黄绿色。卵椭圆形，底部扁平，长 0.1～0.13 毫米，宽 0.05～0.09 毫米，无色透明，表面有 6～8 列纵横排列整齐的乳白色突起。幼螨体近椭圆形，末端渐尖，初卵时白色，后趋透明。若螨菱形，淡绿色，长 0.12～0.25 毫米，宽 0.06～0.1 毫米。

3. 发生规律　侧多食跗线螨在重庆地区和三峡库区 1 年发生 20～30 代，以成螨在绵蚧卵囊下、盾蚧类残存的介壳内或杂草等的根部越冬，5 月份开始活动，6～7 月份、9～10 月份为盛发期，11 月份后减少。温度 25℃～30℃、潮湿阴暗的环境下有利于该螨的发生和为害。卵多产生于嫩叶背面、叶柄和幼芽的缝隙内，幼螨、若螨和成螨均在嫩叶背面为害。受害嫩叶变成黄褐色，僵化、皱缩，叶缘反卷。如果腋芽受害，会失去抽梢能力，变成秃顶。若螨和雌成螨不很活跃，借风力、苗木、昆虫和鸟类传播。雄成螨较活跃，爬行迅速，交配时常将雌成螨背在背上爬行。

侧多食跗线螨的天敌有尼氏钝螨、长须螨、德氏钝螨、小花蝽、深点食螨瓢虫、日本方头甲和塔六点蓟马等。

4. 防治方法　一是保护利用天敌，特别是捕食螨。二是集中放梢，打断该害螨的食物链，缩短为害期。三是合理修剪，改善柑园和植株通风透光条件，减轻为害。四是夏、秋梢抽发时是该螨的盛发期，可用药剂防治，药剂可选用：73%克螨特乳油 2 000～2 500 倍液，或 20%达螨酮可湿性粉剂 1 500～2 000 倍液，或 5%尼索朗乳油 1 500～2 000倍液，或 25%三唑锡悬浮剂 1 500～2 000 倍液，或 5%果圣 800～1 000 倍液，一般 7～10 天喷 1 次，连喷 2 次。

（十九）四斑黄蜘蛛

1. 分布和为害症状　四斑黄蜘蛛又名橘始叶螨，属叶螨科。在我国柑柑产区均有发生，重庆、四川等地为害严重。主要为害叶片，嫩梢和花蕾，幼果也受害。嫩叶受害后，在受害处背面出现微凹、正面凸起的黄色大斑，严重时叶片扭曲变形，甚至大量落叶。老叶受害处背面为黄褐色大斑，叶面为淡黄色斑。

2. 形态特征　雌成螨长椭圆形，长 0.35～0.42 毫米，足 4 对，体色随环境而异，有淡黄、橙黄和橘黄等色；体背面有 4 个多角形黑斑（图 13-9）。

雄成虫后端稍尖，足较长。卵圆球形，其色初为淡黄，后渐变为橙黄，光滑。幼螨，初孵时淡黄色，近圆形，足3对。

3. 生活习性　四川和重庆地区1年发生20代。冬季多以成螨和卵在叶背，无明显越冬期，田间世代重叠。成螨3℃时开始活动，14℃～15℃时繁殖最快，20℃～25℃和低湿是最适的发生条件。春芽萌发至开花前后是为害盛期。高温少雨时为害严重。四斑黄蜘蛛常在叶背主脉两侧聚集取食，聚居处常有蛛网覆盖，产卵于其中。喜欢在树冠内和中、下部光线较暗的叶背取食。对大树为害较重。

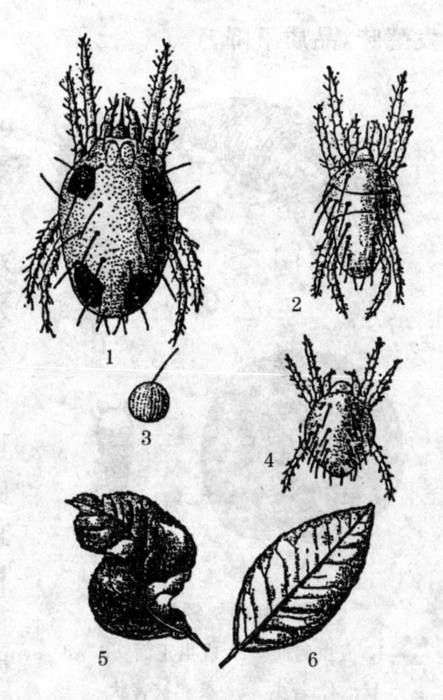

图13-9　四斑黄蜘蛛

1. 雌成虫　2. 雄成虫　3. 卵　4. 若虫　5. 被害叶　6. 正常叶

4. 防治方法　一是认真做好测报，在花前螨、卵数达1头(粒)/叶，花后螨、卵数达3头(粒)/叶时进行防治。通常春芽长1厘米时就应注意其发生动态，药剂防治主要在4～5月份进行，其次是10～11月份，喷药要注意对树冠内部的叶片和叶背喷施。二是合理修剪，使树冠通风透光。三是防治的药剂与红蜘蛛的防治药剂相同。

(二十)锈壁虱

1. 分布和为害症状　锈壁虱又名锈蜘蛛等，属瘿螨科。我国柑桔产区均有发生，为害叶片和果实，主要在叶片背面和果实表面吸食汁液。吸食时使油胞破坏，芳香油溢出，被空气氧化，导致叶背、果面变为黑褐色或铜绿色，严重时可引起大量落叶。幼果受害严重时，变小、变硬；大果受害后果皮变为黑褐色，韧而厚。果实有发酵味，品质下降。

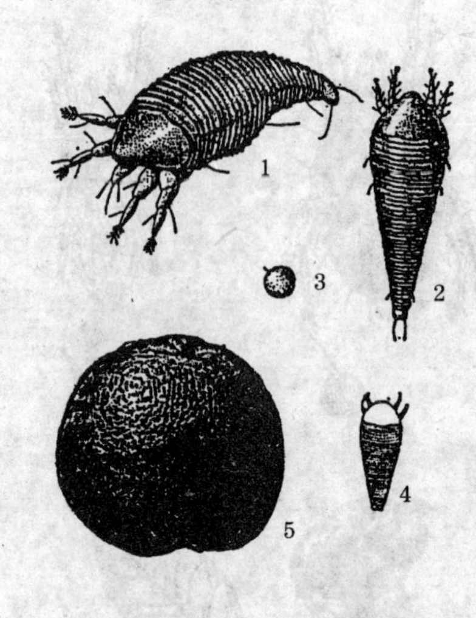

图 13-10 锈壁虱

1. 成虫侧面 2. 成虫正面 3. 卵 4. 若虫 5. 果实被害状

2. 形态特征 成螨体长0.1～0.2毫米，体形似胡萝卜，初为淡黄色，后为橙黄色或肉红色，足2对，尾端有刚毛1对。卵扁圆形，淡黄色或白色，光滑透明。若螨似成螨，体较小(图13-10)。

3. 生活习性 1年发生18～24代，以成螨在腋芽和卷叶内越冬。日平均温度10℃时停止活动，15℃时开始产卵，随春梢抽发迁至新梢取食。5～6月份蔓延至果上，7～9月份为害果实最甚。大雨可抑制其为害，9月份后随气温下降，虫口减少。

4. 防治方法 一是剪除病虫枝叶，清出园区，同时合理修剪，使树冠通风透光，减少虫害发生。二是利用天敌。园中天敌少可设法从外地引入，尤以刺粉虱黑蜂、黄盾恩蚜小蜂有效。三是药剂防治。认真做好测报，从5月份起，经常检查，在叶片上或果上有2～3头/视野(10倍手持放大镜的一个视野)，当年春梢叶背出现被害状，果园中发现一个果出现被害状时开始防治，药剂可选用75%炔螨特乳油3000倍液，或1.8%阿维菌素乳油2500～3000倍液，或10%吡虫啉可湿性粉剂2000倍液，或40%乐斯本乳油1000～1500倍液，或90%敌百虫晶体600～800倍液，或40%乐果乳油800～1000倍液，或0.5%果圣(苦·烟水剂)1000倍液。

(二十一)矢尖蚧

1. 分布和为害症状 矢尖蚧又名尖头介壳虫，属盾蚧科。我国柑橘产区均有发生。以若虫和雌成虫取食叶片、果实和小枝汁液。

叶片受害轻时，被害处出现黄色斑点或黄色大斑；受害严重时，叶片扭曲变形，甚至枝叶枯死。果实受害后呈黄绿色，外观、内质变差。

2. 形态特征　雌成虫介壳长形，稍弯曲，褐色或棕色，长约3.5毫米。雄成虫体橙红色，长形。卵椭圆形，橙黄色（图13-11）。

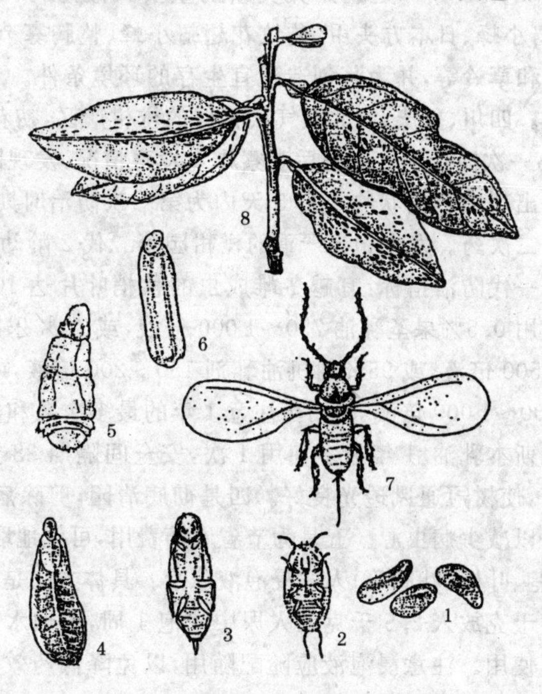

图13-11　矢尖蚧

1. 卵　2. 初孵若虫　3. 雄蛹　4. 雌虫介壳　5. 雌成虫
6. 雄虫介壳　7. 雄虫　8. 枝叶被害状

3. 生活习性　1年发生2～4代，以雌成虫和少数2龄若虫越冬。当日平均温度达17℃以上时，越冬雌成虫开始产卵孵化，世代重叠，17℃以下时停止产卵。雌虫蜕皮2次后成为成虫。雄若虫则常群集于叶背为害，2龄后变为预蛹，再经蛹变为成虫。在重庆市，各代1龄若虫高峰期分别出现在5月上旬、7月中旬和9月下旬。温暖潮湿的条件有利其发生。树冠郁闭的易发生，且为害较重，大树较幼树发生重，雌虫分散取食，雄虫多聚在母体附近为害。

4. 防治方法　一是利用矢尖蚧的重要天敌，如矢尖蚧蚜小蜂、黄金蚜小蜂、日本方头甲、豹纹花翅蚜小蜂、整胸寡节瓢虫、红点唇瓢虫和草蛉等，并为其创造适宜生存的环境条件。二是做好预测预报。四川、重庆、湖北及气候相似的椪柑产区，初花后25～30天为第一次防治期。或花后观察雄虫发育情况，发现园中个别雄虫背面出现白色蜡状物之后5天内为第一次防治时期，15～20天后喷第二次药。发生相当严重的椪柑园第二代2龄幼虫再喷1次药。第一代防治指标：有越冬雌成虫的秋梢叶片达10%以上。药剂可选用0.5%果圣乳油750～1 000倍液，或40%乐斯本乳油1 000～1 500倍液，或95%的机油乳剂150～200倍液，或40%乐果乳油800～1 000倍液等，用药注意1年的最多次数和安全间隔期。如乐斯本乳油，1年最多使用1次，安全间隔期28天。三是加强修剪，使树冠通风透光良好。四是彻底清园，剪除病虫枝、枯枝、枯叶，以减少病虫源。五是为节省农药费用，可就地取材，用烟骨（烟的茎、叶柄、叶脉等）人尿浸泡液防治。具体方法是用切碎的烟骨0.5千克放入2.5千克的人尿中浸泡1周，再加水25升，拌匀后即可使用。注意浸泡液应随配随用，以免降低药效。浸液中加少量洗衣粉可增加药效。

(二十二)糠 片 蚧

1. 分布和为害症状　糠片蚧又名灰点蚧，属盾蚧科。在我国椪柑产区均有发生。为害柑橘、苹果、梨、山茶等多种植物，枝、干、叶片和果实都能受害。叶片和果实的受害处出现淡绿色斑点，并能诱发煤烟病。

2. 形态特征　雌成虫介壳长1.5～2毫米，形态和色泽不固定，多为不规则椭卵圆形，灰褐色或灰白色；雌成虫近圆形，淡紫色或紫红色。雄成虫淡紫色，腹部有针状交尾器。卵椭圆形，淡紫色。

3. 生活习性　1 年发生 3～4 代，以雌成虫和卵越冬，少数有 2 龄若虫和蛹越冬。田间世代重叠。各代 1 龄、2 龄若虫盛发期为 4～6 月份、6～7 月份、7～9 月份、10 月份至翌年 4 月份，且以 7～9 月份为甚。雌成虫能孤雌生殖。

4. 防治方法　一是保护天敌，如日本方头甲、草蛉、长缨盾蚧蚜小蜂和黄金蚜小蜂等，并创造有利于天敌生存的环境。二是加强栽培管理，增加树体抗性。三是 1 龄、2 龄若虫盛期是防治的关键时期，应隔 15～20 天喷药 1 次，连续喷 2 次，药剂与矢尖蚧同。

（二十三）褐 圆 蚧

1. 分布和为害症状　褐圆蚧又名茶褐圆蚧，属盾蚧科。我国柑桔产区均有发生。为害柑桔、栗、椰子和山茶等多种植物。主要吸食叶片和果实的汁液，叶片和果实的受害处均出现淡黄色斑点。

2. 形态特征　雌成虫介壳为圆形，较坚硬，紫褐色或暗褐色；雌成虫杏仁形，淡黄色或淡橙黄色。雄成虫介壳为椭圆形，成虫体淡黄色。卵长椭圆形，淡橙黄色。

3. 生活习性　褐圆蚧 1 年发生 5～6 代，多以雌成虫越冬，田间世代重叠。各代若虫盛发于 5～10 月份，活动的最适温度为 26℃～28℃。雌虫多处在叶背，尤以边缘为最多，雄虫多处在叶面。

4. 防治方法　一是保护天敌，如日本方头甲、整胸寡节瓢虫、草蛉、黄金蚜小蜂、斑点蚜小蜂和双蒂巨角跳小蜂等，并创造其适宜生存的条件，以利用其防治褐圆蚧。二是在各代若虫盛发期喷药，隔 15～20 天 1 次，连喷 2 次。所用药剂与防治矢尖蚧的药剂相同。

（二十四）黑 点 蚧

1. 分布和为害症状　黑点蚧又名黑点介壳虫，属盾蚧科。在我国柑桔产区均有发生。除为害柑桔外，还为害枣、椰子等。常群集在叶片、小枝和果实上取食。叶片受害处出现黄色斑点，严重时变黄。果实受害后外观差，成熟延迟，还可诱发煤烟病。

2. 形态特征　雌成虫介壳近长方形，漆黑色；雌成虫倒卵形，淡紫色。雄成虫介壳小而窄，长方形，淡紫红色。

3. 生活习性　黑点蚧主要以雌成虫和卵越冬。因雌成虫寿命长，并能孤雌生殖，可在较长的时间内陆续产卵和孵化，在15℃以上的适宜温度时，不断有新的若虫出现，发生不整齐。该虫在四川、重庆等中亚热带柑橘产区1年发生3～4代，田间世代重叠。4月下旬1龄若虫在田间出现，7月中旬、9月中旬和10月中旬为其3次出现高峰。第一代为害叶片，第二代为害果实。其虫口数叶面较叶背多，阳面比阴面多，生长势弱的树受害重。

4. 防治方法　一是保护天敌，如整胸寡节瓢虫、湖北红点唇瓢虫、长缨盾蚧蚜小蜂、柑橘蚜小蜂和赤座霉等，并应为其创造良好的生存环境。二是加强栽培管理，增强树势，提高抗性。三是当越冬雌成蚧每叶2头以上时，即应注意防治，药剂防治的重点是在5～8月份1龄幼蚧的高峰期，药剂参照防治矢尖蚧药剂。

(二十五)橘　蚜

1. 分布和为害症状　橘蚜属蚜科，在我国柑橘产区均有发生。为害柑橘、桃、梨和柿等果树。橘蚜常群集在柑橘的嫩梢和嫩叶上吸食汁液，引起叶片皱缩卷曲、硬脆，严重时嫩梢枯萎，幼果脱落。橘蚜分泌出大量蜜露可诱发煤烟病和招引蚂蚁上树，影响天敌活动，降低光合作用。橘蚜也是柑橘衰退病的传播媒介。

2. 形态特征　无翅胎生蚜，体长1.3毫米，漆黑色，复眼红褐色，有触角6节，灰褐色。有翅胎生雌蚜与无翅型相似，有翅2对，白色透明(图13-12)。无翅雄蚜与雌蚜相似，全体深褐色，后足特别膨大。有翅雄蚜与雌蚜相似，惟触角第三节上有感觉圈45个。卵椭圆形，长0.6毫米，初为淡黄色，渐变为黄褐色，最后呈漆黑色，有光泽。若虫体黑色，复眼红黑色。橘蚜的有翅胎生雌蚜成虫、无翅胎生雌蚜成虫和被害状，见图13-12。

3. 生活习性　橘蚜1年发生10～20代，在北亚热带的浙江省黄岩一带主要以卵越冬，在福建和广东等地以成虫越冬。越冬卵 3 月下旬至 4 月上旬孵化为无翅若蚜后即上嫩梢为害。若虫经 4 龄成熟后即开始生幼蚜，继续繁殖。繁殖的最适温度为 24℃～27℃，气温过高或过低，雨水过多均影响其繁殖。春末夏初和秋季干旱时为害最重。有翅蚜有迁移性。秋末冬初便产生有性蚜交配产卵，越冬。

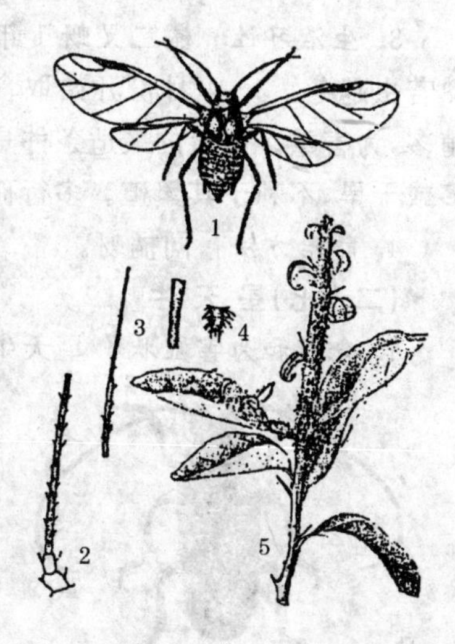

图 13-12　橘蚜

1. 有翅胎生雌蚜成虫　2. 触角　3. 腹管　4. 尾片　5. 被害状

4. *防治方法*　一是保护天敌，如七星瓢虫、异色瓢虫、草蛉、食蚜蝇和蚜茧蜂等，并为其创造良好生存环境。二是剪除虫枝或抹除抽发不整齐的嫩梢，以减少橘蚜食料。三是加强观察，当春、夏、秋梢嫩梢期有蚜率达 25％时喷药防治，药剂可选择 50％抗蚜威乳油 2 000～3 000 倍液，或 20％中西杀灭菊酯乳油或 20％甲氰菊酯（扫灭利）3 000～4 000 倍液，或 10％吡虫啉（蚜虱净）可湿性粉剂 1 500～2 500 倍液，或 40％乐果乳油 800～1 000 倍液。注意每年最多使用次数和安全间隔期。如乐果每年最多使用 3 次，安全间隔期 14 天。

（二十六）橘二叉蚜

1. *分布和为害症状*　橘二叉蚜又名茶二叉蚜，属蚜科。我国柑柑产区有分布。为害柑柑、茶和柳等植物。为害症状与橘蚜同。

2. *形态特征*　橘二叉蚜的有翅胎生雌虫体长 1.6 毫米，黑褐色，翅无色透明，因前翅中脉分二叉而得名。无翅胎生雌蚜，体长 2 毫米，近圆形，暗褐色或黑褐色。若虫与成蚜相似，无翅，淡黄绿色或淡棕色。

3. 生活习性　橘二叉蚜1年发生10余代，以无翅雌蚜或老熟若虫越冬。3～4月份开始取食嫩梢、叶，以春末夏初和秋季繁殖多，为害重。繁殖的最适条件是25℃左右的温度和少雨。雨水多或干旱，不利于其繁殖。多行孤雌生殖，有翅蚜有迁移性。

4. 防治方法　同橘蚜。

(二十七)星天牛

1. 分布和为害症状　星天牛属天牛科。在我国椪柑产区均有发生。为害椪柑、梨、桑和柳等植物。其幼虫蛀食离地面0.5米以内的树颈和主根皮层，切断水分和养分的输送而导致植株生长不良，枝叶黄化，严重时树体死亡。

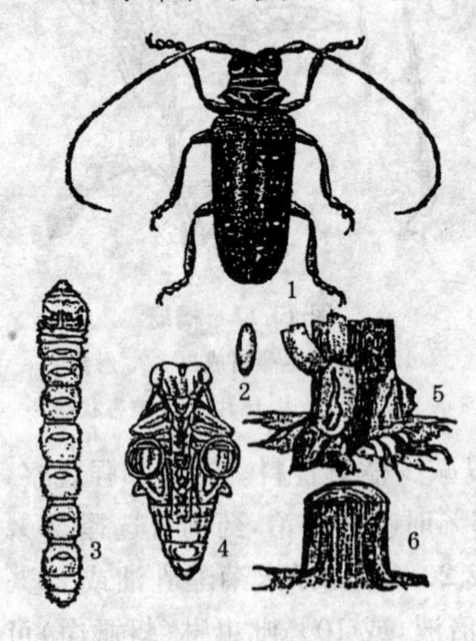

图13-13　星天牛

1. 成虫　2. 卵　3. 幼虫　4. 蛹　5. 根颈部皮层被害状　6. 根颈部木质部被害状(纵剖面)

2. 形态特征　成虫体长19～39毫米，漆黑色，有光泽。卵长椭圆形，长5～6毫米，乳白色至淡黄色。蛹长约30毫米，乳白色，羽化时黑褐色。星天牛的形态特征及被害状见图13-13。

3. 生活习性　星天牛1年发生1代，以幼虫在木质部越冬。4月下旬开始出现，5～6月份为盛期。成虫从蛹室爬出后飞向树冠，啃食嫩枝皮和嫩叶。成虫常在晴天9～13时活动、交尾、产卵，中午高温时多停留在根颈部活动、产卵。5月底至6月中旬为其产卵盛期，卵产在离地面约0.5米的树皮内。产卵时，雌成虫先在树皮上咬出一个长约1厘米的倒“T”字形伤口，再产卵其中。产卵处因被咬破，树液流出表面而呈湿润状或有泡沫液体。幼虫孵出后即在树皮下蛀食，并向根颈或主根表皮迂回蛀食。

4. 防治方法　一是捕杀成虫，白天 9～13 时，主要是中午在根颈附近捕杀。二是加强栽培管理，使树体健壮，保持树干光滑。三是堵杀孔洞，清除枯枝残桩和苔藓地衣，以减少产卵和除去部分卵和幼虫。四是立秋前后，人工钩杀幼虫。五是立秋和清明前后，将虫孔内木屑排除，用棉花蘸 40％乐果乳油 5～10 倍液塞入虫孔，再用泥封住孔口，以杀死幼虫；还可在产卵盛期用 40％乐果乳油 50～60 倍液喷洒树干树颈部。

(二十八)褐 天 牛

1. 分布和为害症状　褐天牛又名干虫，属于天牛科。我国椪柑产区均有发生。为害椪柑、葡萄等果树。幼虫在离地面 0.5 米左右的主干和大枝木质部蛀食，虫孔处常有木屑排出。树体受害后导致水分和养分运输受阻，出现树势衰弱，受害重的枝、干会出现枯死，或易被风吹断。

2. 形态特征　褐天牛成虫长 26～51 毫米。初孵化时为褐色。卵椭圆形，长 2～3 毫米，乳白色至灰褐色。幼虫老熟时长 46～56 毫米，乳白色，扁圆筒形。蛹长 40 毫米左右，淡米黄色。

3. 生活习性　褐天牛 2 周年发生 1 代，以幼虫或成虫越冬。多数成虫于 5～7 月份出洞活动。成虫白天潜伏洞内，晚上出洞活动，尤以下雨前闷热夜晚 20～21 时最盛。成虫产卵于距地面 0.5 米以上的主干和大枝的树皮缝隙，阴雨天多栖息于树枝间；产卵以晴天中午为多，产于嫩绿小枝分叉处或叶柄与小枝交叉处。6 月中旬至 7 月上旬为卵孵化盛期。幼虫先向上蛀食，至小枝难容虫体时再往下蛀食，引起小枝枯死。

4. 防治方法　一是傍晚到树上捕捉天牛成虫，尤以雨前闷热傍晚 20～21 时最佳。二是其他防治方法参照星天牛。三是啄木鸟是天牛最好的天敌。

(二十九)光盾绿天牛

1. 分布和为害症状　光盾绿天牛又名枝天牛，属天牛科。我国椪柑产区有发生，以四川省的椪柑产区较多。只为害柑橘。成虫产卵于小枝上，幼虫孵出后即蛀入木质部引起小枝枯死，并在大枝和主干上造成许多洞孔，阻碍水分和养分的运输，严重时植株枯死，也易被大风折断。

2. 形态特征　光盾绿天牛成虫体长24～27毫米，墨绿色，有金属光泽，头绿色。卵长扁圆形，黄绿色，长约4.7毫米。幼虫老熟时长46～51毫米，淡黄色。蛹长19～25毫米，黄色。

3. 生活习性　光盾绿天牛多为1年发生1代，以幼虫越冬。成虫4～5月份开始出现，5月下旬至6月中旬盛发。

4. 防治方法　与防治星天牛相似。

(三十)潜 叶 蛾

1. 分布和为害症状　潜叶蛾又名绘图虫，属潜蛾科。我国椪柑产区均有发生，且以长江以南产区受害最重。主要为害椪柑的嫩叶、嫩枝，果实也有少数受害。幼虫潜入表皮蛀食，形成弯曲带白色的虫道，使受害叶片卷曲、硬化、易脱落。受害果实易烂。

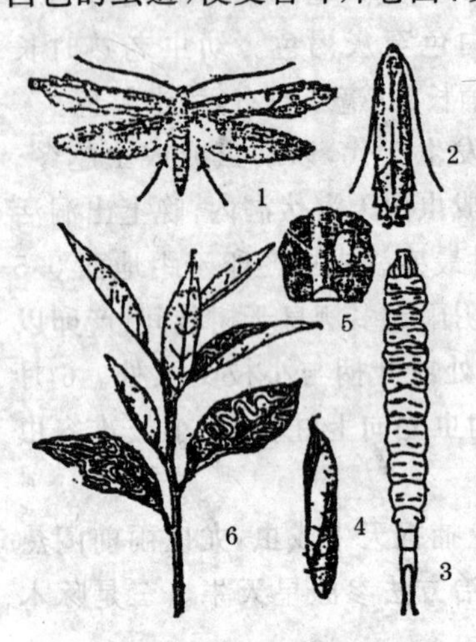

图 13-14　潜叶蛾

1. 成虫　2. 成虫休止状　3. 幼虫　4. 蛹　5. 卵　6. 枝叶被害状

2. 形态特征　潜叶蛾成虫体长约2毫米，翅展5.5毫米左右，身体和翅均匀白色。卵扁圆形，长0.3～0.36毫米，宽0.2～0.28毫米，无色透明，壳极薄。幼虫黄绿色。蛹呈纺锤状，淡黄色至黄褐色(图13-14)。

3. 生活习性　潜叶蛾1年发生10多代，以蛹或老熟幼虫越冬。气温高的产区发生早、为害重，我国椪柑产区4月下旬见成虫，7～9月份为害夏、秋梢最甚。成虫多于清晨交尾，白天潜伏不动，晚间将卵散产于嫩叶叶背主脉两侧。幼虫蛀入表皮取食。田间世代重叠，高温多雨时发生多，为害重。秋梢为害重，春梢受害少。

4. 防治方法　一是冬季、早春修剪时剪除有越冬幼虫或蛹的晚秋梢，春季和初夏摘除零星发生的幼虫或蛹。二是控制肥水和抹芽放梢。在夏、秋梢抽发期，先控制肥水，抹除早期抽生的零星嫩梢，在潜叶蛾卵量下降时，供给肥水，集中放梢，配合药剂防治。三是药剂防治。在新梢大量抽发期，芽长0.5～2厘米时，防治指标为嫩叶受害率5%以上，喷施药剂，7～10天1次，连续喷2～3次。药剂可选择1.8%阿维菌素乳油2 000～3 000倍液，或5%农梦特乳油1 000～2 000倍液，或10%吡虫啉乳油1 000～1 500倍液，或25%除虫脲可湿性粉剂1 500～2 000倍液，或10%氯氰菊酯乳油2 500～3 000倍液，或2.5%氯氟氰菊酯乳油4 000～5 000倍液，或20%甲氰菊酯乳油2 000～3 000倍液等。

(三十一)拟小黄卷叶蛾

1. 分布和为害症状　拟小黄卷叶蛾属卷叶蛾科。在我国柑橘产区有发生。为害柑橘、荔枝和棉花等。幼虫为害嫩叶、嫩梢和果实，还常吐丝，将叶片卷曲或将嫩梢黏结在一起或将果实和叶黏结在一起，藏在其中为害。为害严重时，可将嫩枝、叶吃光。幼果受害大量脱落，成熟果受害引起腐烂。

2. 形态特征　拟小黄卷叶蛾雌成虫体长8毫米，黄色，翅展18毫米；雄虫体略小。卵初产时为淡黄色，鱼鳞状排列椭圆形卵块。幼虫1龄时头部为黑色，其余各龄为黄褐色，老熟时为黄绿色，长17～22毫米。蛹褐色，长9～10毫米(图13-15)。

3. 生活习性　拟小黄卷叶蛾在重庆地区1年发生8代，以幼虫或蛹越冬。成虫于3月中旬出现，随即交尾产卵，5～6月份为第二代幼虫盛期，系主要为害期，导致大量落果。成虫白天潜伏在隐蔽处，夜晚活动。卵多产于树体中、下部叶片。成虫有趋光性和迁移性。幼虫遇惊后可吐丝下坠，或弹跳逃跑，或迅速向后爬行。

4. 防治方法　一是保护和利用天敌。在4～6月份卵盛发期

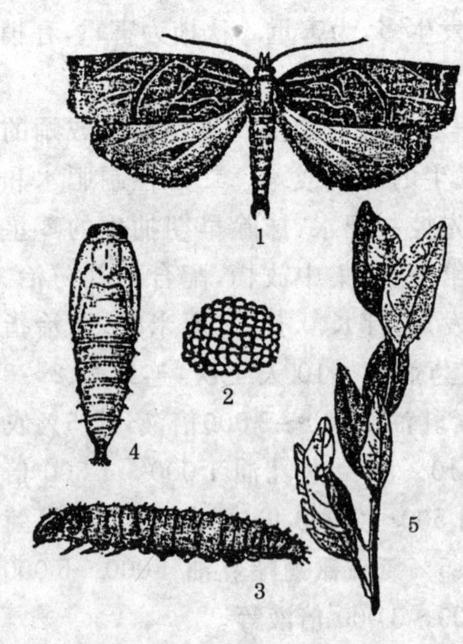

图 13-15　拟小黄卷叶蛾

1. 成虫　2. 卵　3. 幼虫
4. 蛹　5. 枝叶被害状

每667平方米释放松毛虫赤眼蜂2.5万头，每代放蜂3～4次。同时保护核多角体病毒和其他细菌性天敌。二是冬季清园时，清除枯枝落叶、杂草，剪除带有越冬幼虫和蛹的枝叶。三是生长季节巡视果园随时摘除卵块和蛹，捕捉幼虫和成虫。四是成虫盛发期在椪柑园中安装黑光灯或频振式杀虫灯诱杀，每公顷地块安装40瓦黑光灯3盏；也可用2份糖，1份黄酒，1份醋和4份水配制成糖醋液诱杀。四是幼果期和9月份前后幼虫盛发期可用药物防治，药剂可选择2.5%功夫乳油或20%中西杀灭菊酯乳油2 500～3 000倍液，或1.8%阿维菌素乳油2 000～3 000倍液，或25%除虫脲可湿性粉剂1 500～2 000倍液，或90%敌百虫晶体800～1 000倍液，或2.5%溴氰菊酯乳油2 500～3 000倍液等。

(三十二)枯叶夜蛾

1. 分布和为害症状　枯叶夜蛾属夜蛾科。在我国椪柑产区均有发生，在四川、重庆等地为害重。为害柑橘、桃和杧果等。成虫吸食果实汁液，受害果表面有针刺状小孔，刚吸食后的小孔有汁液流出，约2天后果皮刺孔处海绵层出现直径1厘米的淡红色圆圈，以后果实腐烂脱落。

2. 形态特征　成虫体长35～42毫米，翅展约100毫米。卵近球形，直径约1毫米，乳白色。幼虫老熟时长60～70毫米，紫红色或褐色。蛹长约30毫米，为赤色。吸果夜蛾(枯叶夜蛾、嘴壶夜蛾、鸟嘴壶夜蛾)见图 13-16。

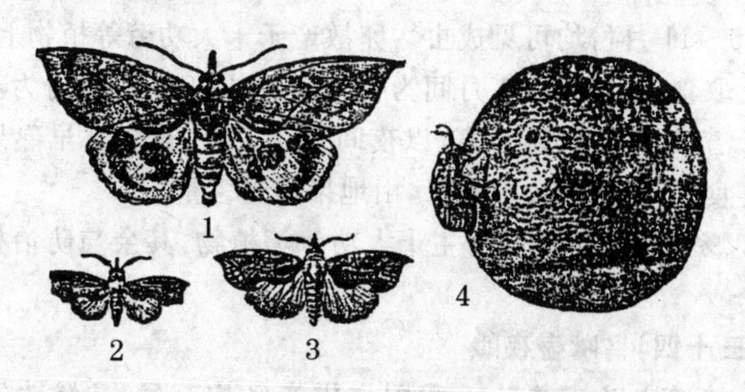

图 13-16　吸果夜蛾

1. 枯叶夜蛾　2. 嘴壶夜蛾　3. 鸟嘴壶夜蛾　4. 果实被害状

3. *生活习性*　该虫 1 年发生 2～3 代，以成虫越冬。田间 3～11 月份可见成虫，以秋季最多。晚间交尾，卵产于通草等幼虫寄主。

4. *防治方法*　一是连片种植，避免早、中、晚熟品种混栽。二是夜间人工捕捉成虫。三是去除寄主木防已和汉防已植物。四是灯光诱杀。可安装黑光灯、高压汞灯或频振式杀虫灯。五是拒避，每树用 5～10 张吸水纸，每张滴香茅油 1 毫升，傍晚时挂于树冠周围；或用塑料薄膜包萘丸，上面刺数个小孔，每株挂 4～5 粒。六是果实套袋。七是利用赤眼蜂天敌。八是药剂防治，可选用 2.5% 功夫乳油 2 000～3 000 倍液。

(三十三)嘴壶夜蛾

1. *分布和为害症状*　嘴壶夜蛾又名桃黄褐夜蛾，属夜蛾科。分布和为害症状同枯叶夜蛾。

2. *形态特征*　成虫体长 17～20 毫米，翅展 34～40 毫米；雌虫前翅紫红色，有“N”字形纹；雄虫赤褐色，后翅褐色。卵为球形，黄白色，直径约 0.7 毫米。老熟幼虫长约 44 毫米，漆黑色。蛹为红褐色。

3. 生活习性　1年发生4代，以幼虫或蛹越冬。田间世代重叠，在5～11月份均可见成虫。卵散产于十大功劳等植物上，幼虫在其上取食，成虫9～11月间为害果实，尤以9～10月份为甚。成虫白天潜伏，黄昏进园为害，以夜间20～24时最多。早熟果受害重。喜食好果，很少食腐烂果，山地果园受害重。

4. 防治方法　铲除寄主十大功劳等植物，其余与防治枯叶夜蛾同。

（三十四）鸟嘴壶夜蛾

1. 分布与为害症状　我国榧柑产区均有发生，除为害柑橘外，还可为害苹果、葡萄、梨、桃、杏、柿等果树的果实。

2. 形态特征　成虫体长23～26毫米，翅展49～51毫米。卵扁球形，直径0.72～0.75毫米，高约0.6毫米，卵壳上密布纵纹，初产时黄白色，1～2天后变灰色。幼虫共6龄，初孵时灰色，后变为绿色，老熟时灰褐色或灰黄色，似枯枝，体长46～60毫米。蛹体长17.6～23毫米，宽6.5毫米，暗褐色。

3. 生活习性　中、北亚热带1年发生4代，以幼虫和成虫越冬。卵多散产于果园附近背风向阳处木防己的上部叶片或嫩茎上。成虫为害榧柑，9月下旬至10月中旬为第一个高峰。成虫有明显的趋光性、趋化性（芳香和甜味），略有假死习性，松毛虫赤眼蜂是其天敌。

4. 防治方法　与枯叶夜蛾同。

（三十五）黑刺粉虱

1. 分布和为害症状　黑刺粉虱属粉虱科。我国榧柑产区均有发生。为害柑橘、梨和茶等多种植物。以若虫群集于叶背取食，叶片受害后出现黄色斑点，并诱发煤烟病。受害严重时，植株抽梢少而短，果实的产量和品质下降。

2. 形态特征　雌成虫体长0.2～1.3毫米，雄成虫腹末有交尾用的抱握器。卵初产时为乳白色，后为淡紫色，似香蕉状，有一短卵柄附着于叶上。若虫初孵时为淡黄色，扁平，长椭圆形，固定后为黑褐色。蛹初为无色，后变为黑色且透明。黑刺粉虱形态特征及植物被害状，见图 13-17。

3. 生活习性　黑刺粉虱 1 年发生 4～5 代，田间世代重叠，以 2 龄、3 龄若虫越冬。成虫于 3 月下旬至 4 月上旬大量出现，并开始产卵，各代 1～2 龄若虫盛发期在 5～6 月份，6 月下旬～7 月中旬，8 月下旬～9 月上旬和 10 月下旬～12 月下旬。成虫多在早晨露水未干时羽化并交尾产卵。

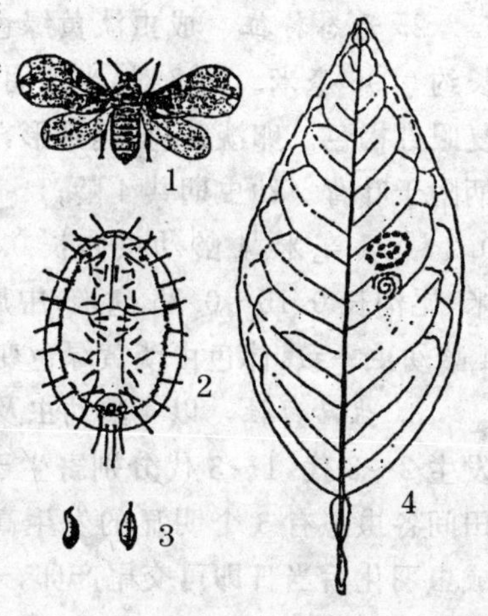

图 13-17　黑刺粉虱

1. 成虫　2. 蛹壳
3. 卵　4. 枝叶被害状

4. 防治方法　一是保护天敌，如刺粉虱黑蜂、斯氏寡节小蜂、黄金蚜小蜂、湖北红点唇瓢虫、草蛉等，并为其创造良好的生存环境。二是合理修剪，剪除虫枝、虫叶、清除出园。三是加强测报，及时施药。越冬代成虫从初见日后 40～45 天进行第一次喷药，隔 20 天左右喷第二次，发生严重的果园各代均可喷药。药剂可选机油乳剂 150～200 倍液，或 10％吡虫啉可湿性粉剂 2 000～2 500 倍液，或 0.5％果圣水剂 750～1000 倍液，或 40％乐斯本乳油1 000～2 000 倍液，另外也可用 90％敌百虫晶体 800 倍液，或 40％乐果乳油 1 000 倍液在蛹期喷药，以减少对黑刺粉虱寄生蜂的影响。

（三十六）柑橘粉虱

1. 分布和为害症状　柑橘粉虱又名橘黄粉虱、通草粉虱、橘裸粉虱、白粉虱等，属同翅目，粉虱科。国内各柑橘产区均有发生。寄主植物除柑橘外，还为害柿、栗、桃、梨、枇杷等果树和茶、棉等。以幼虫聚集在嫩叶背面为害，严重时可引起落叶枯梢，并诱发煤烟病。

2. 形态特征　成虫淡黄绿色，雌虫体长约1.2毫米，雄虫体长约0.96毫米。翅2对，半透明；虫体及翅上均覆盖有蜡质白粉；复眼红褐色。卵淡黄色，椭圆形，长约0.2毫米，表面光滑，以1短柄附于叶背。幼虫期共4龄；1～3龄幼虫体长0.3～0.9毫米，宽0.2～1.1毫米，4龄幼虫体长0.9～1.5毫米，体宽0.7～1.1毫米，尾沟长0.15～0.25毫米，中后胸两侧显著凸起。蛹的大小与4龄幼虫一致，体色由淡黄绿色变为浅黄褐色。

3. 生活习性　以4龄幼虫及少数蛹固定在叶片上越冬。1年发生2～3代，1～3代分别寄生于春、夏、秋梢嫩叶的背面，1年中田间各虫态有3个明显的发生高峰，其中以2代的发生量最大。成虫羽化后当日即可交尾产卵，未经交尾的雌虫可行孤雌生殖，但所产的卵均为雄性。初孵幼虫爬行距离极短，通常在原叶固定为害。

已发现的柑橘粉虱天敌有粉虱座壳孢菌、扁座壳孢菌、柑橘粉虱扑虱蚜小蜂、华丽蚜小蜂、橙黄粉虱蚜小蜂、红斑粉虱蚜小蜂、刺粉虱黑蜂和草蛉等。其中以座壳孢菌效果最好，其次是寄生蜂。

4. 防治方法　一是利用天敌座壳孢菌和寄生蜂的自然控制作用。园内缺少天敌时可从其他园采集带有座壳孢菌或寄生蜂的枝叶挂到柑橘树上进行引移。保护天敌，化学防治在柑橘粉虱严重发生，天敌少时才进行。二是药剂防治。考虑到防治效果和保护天敌，以初龄幼虫盛发期喷药效果最佳。鉴于柑橘粉虱的发生期与多数盾蚧类害虫相近，且多种药可以兼治，应结合其他虫害防治同时进行，所用药剂与防治黑刺粉虱相同。

(三十七)柑橘木虱

1. 分布和为害症状　柑橘木虱是黄龙病的传病媒介昆虫，是椪柑各次新梢的重要害虫。成虫在嫩芽上吸取汁液和产卵。若虫群集在幼芽和嫩叶上为害，致使新梢弯曲，嫩叶变形。若虫的分泌物会诱发煤烟病。广东、广西、福建、海南、台湾等省、自治区均有发生，浙江、江西、湖南、云南、贵州和四川等省、自治区部分椪柑产区有分布。

2. 形态特征　成虫体长约3毫米，体灰青色且有灰褐色斑纹，被有白粉；头顶凸出如剪刀状，复眼暗红色，单眼3个，橘红色；触角10节，末端2节黑色；前翅半透明，边缘有不规则黑褐色斑纹或斑点散布，后翅无色透明；足腿节粗壮，跗节2节，具2爪；腹部背面灰黑色，腹面浅绿色。雌虫孕卵期腹部橘红色，腹末端尖。卵如杧果形，橘黄色，上尖下钝圆，有卵柄，长约0.3毫米。若虫刚孵化时体扁平，黄白色，5龄若虫土黄色或带灰绿色，体长约1.59毫米。

3. 生活习性　1年中的代数与新梢抽发次数有关，每代历时长短与气温相关。周年有嫩梢的条件下，1年可发生11～14代，田间世代重叠。成虫产卵在露芽后的芽叶缝隙处，没有嫩芽不产卵。初孵的若虫吸取嫩芽汁液并在其上发育生长，直至5龄。成虫停息时尾部翘起，与停息面成45°角。8℃以下时，成虫静止不动，14℃时可飞能跳，18℃时开始产卵繁殖。木虱多分布在衰弱树上。1年中，秋梢受害最重；其次是夏梢，5月份的早夏梢被害后会爆发黄龙病；晚秋梢时，木虱会再次发生为害高峰。

4. 防治方法　一是做好冬季清园，通过喷药杀灭害虫，可减少春季的虫口。二是加强栽培管理，尤其是肥水管理，使树势旺，抽梢整齐，以利统一喷药防治木虱。三是药剂防治，可选用40%乐果乳油800倍液，或20%速灭杀丁乳油2000～3000倍液等。

(三十八)柑橘凤蝶

1. 分布和为害症状　柑橘凤蝶又名黑黄凤蝶，属凤蝶科。我国椪柑产区均有发生。为害柑橘、山椒等。幼虫将嫩叶、嫩梢食成缺刻。

2. 形态特征　成虫分春型和夏型。春型，体长21～28毫米，翅展70～95毫米，淡黄色；夏型，体长27～30毫米，翅展105～108毫米。卵为圆球形，淡黄色至褐色。幼虫初孵出时为黑色鸟粪状，老熟幼虫体长38～48毫米，为绿色。蛹近菱形，长30～32毫米，

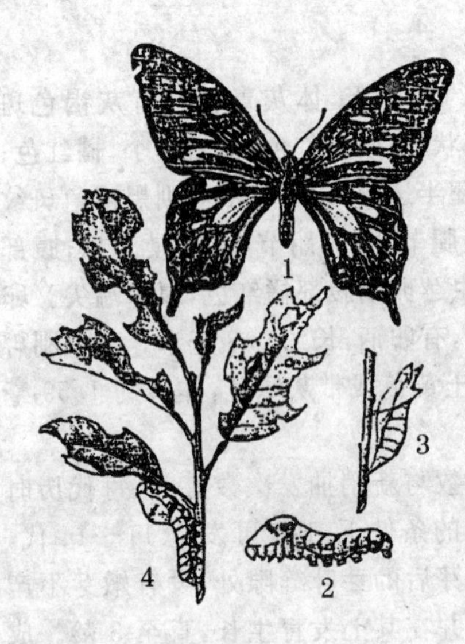

图 13-18 柑橘凤蝶

1. 成虫 2. 幼虫 3. 蛹
4. 被害状及产于叶上的卵

为淡绿色至暗褐色，形态特征及植物被害状，见图 13-18。

3. 生活习性 1 年发生 3～6 代，以蛹越冬。3～4 月份羽化的为春型成虫，7～8 月份羽化的为夏型成虫，田间世代重叠。成虫白天交尾，产卵于嫩叶背或叶尖。幼虫遇惊时，即伸出臭角发出难闻气味，以避敌害。老熟后即吐丝做垫头，斜向悬空化蛹。

4. 防治方法 一是人工摘除卵或捕杀幼虫。二是冬季清园除蛹。三是保护天敌凤蝶金小蜂、凤蝶赤眼蜂和广大腿小蜂，或蛹的寄生天敌。四是为害盛期药剂防治，药剂可选 Bt 制剂（每克 100 亿个孢子）200～300 倍液，或 10%吡虫啉可湿性粉剂 2 500～3 000倍液，或 25%除虫脲可湿性粉剂 1 500～2 000 倍液，或 10%氯氰菊酯乳油 2 000～3 000 倍液，或 25%溴氰菊脂乳油 1 500～2 000倍液，或 0.3%苦参碱水 200 倍液，或 90%敌百虫晶体 800～1 000 倍液等。

（三十九）玉带凤蝶

1. 分布和为害症状 玉带凤蝶又名白带凤蝶、黑凤蝶。分布和为害症状与柑橘凤蝶相同。

2. 形态特征 成虫体长 25～32 毫米，黑色，翅展 90～100 毫米。雄虫前、后翅的白斑相连成玉带。雌虫有 2 型：一型与雄虫相似，后翅近外缘有数个半月形深红色小点；另一型的前翅灰黑色。卵为圆球形，淡黄色至灰黑色。1 龄幼虫黄白色，2 龄幼虫淡黄色，3 龄幼虫黑褐色，4 龄幼虫油绿色，5 龄幼虫绿色，老熟幼虫长 36～

46毫米。蛹绿色至灰黑色，长约30毫米。

3. 生活习性　1年发生4～5代，以蛹越冬，田间世代重叠。3～4月份出现成虫，4～11月份均有幼虫，但5、6、8、9月份出现4次高峰，其他习性同柑橘凤蝶。

4. 防治方法　与柑橘凤蝶的防治相同。

(四十)大 实 蝇

1. 分布和为害症状　大实蝇其幼虫又名柑蛆，属实蝇科。受害果叫蛆柑。我国四川、湖北、贵州、云南等省的椪柑产区有少量或零星为害。成虫产卵于幼果内。幼虫蛀食果肉，使果实出现未熟先黄，黄中带红现象，最后腐烂脱落。

2. 形态特征　大实蝇成虫体长12～13毫米，翅展20～24毫米，身体褐黄色，中胸前面有“人”字形深茶褐色纹。卵为乳白色，长椭圆形，中部微弯，长1.4～1.5毫米。蛹为黄褐色，长9～10毫米。形态特征及果实被害状，见图13-19。

3. 生活习性　1年发生1代，以蛹在土中越冬。4月下旬出现成虫，5月上旬为盛期，6月份至7月中旬进入果园产卵，6月中旬为产卵盛期，7～9月份孵化为幼虫，蛀果为害。受害果9月下旬至10月下旬脱落，幼虫随落果至地，后脱果入土中化蛹。成虫多在晴天中午出土，成虫产卵在果实脐部，产卵处有小刺孔，果皮由绿变黄。阴坡湿润的果园和蜜源多的果园受害重。

4. 防治方法　一是严格实行检疫，禁止从疫区引进果实和带土苗木等。二是摘除受害幼果，并煮沸深埋，以杀死幼虫。三是冬季深翻土壤，杀灭蛹和幼虫。四是幼虫脱果时或成虫出土时，用50%辛硫磷乳油1000倍液喷洒地面，杀死成虫，每7～10天喷1次，连续喷2次。成虫入园产卵时，用2.5%溴氰菊酯乳油或20%中西杀灭菊酯乳油2500～3000倍液加3%红糖液，喷施1/3植株树冠，每7～10天喷1次，连续喷2～3次。五是辐射处理。在室内饲养大实蝇，用γ射线处理雄蛹，将羽化的雄成虫释放到田间与野外的雌成虫交尾受精并产卵，但卵不会孵化，以达防治之目的。

墨西哥20世纪70年代即用此项技术防治果实蝇效果显著。

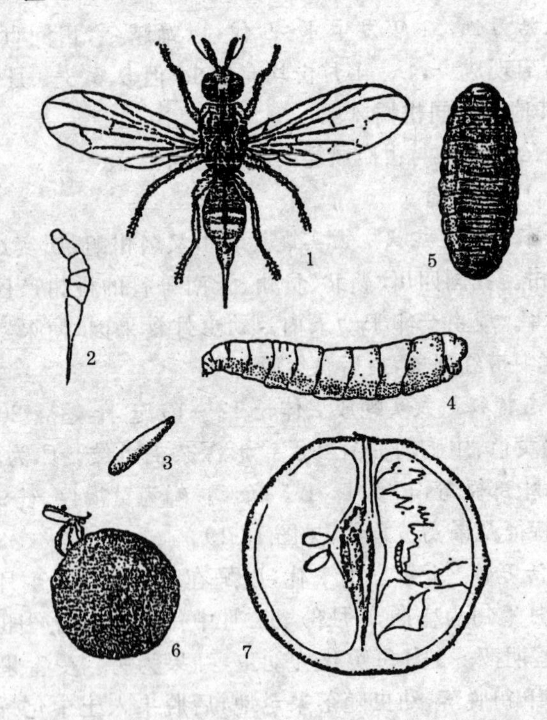

图13-19 大实蝇

1. 雌成虫 2. 雌成虫腹部侧面 3. 卵 4. 幼虫 5. 蛹
6. 幼果被害状 7. 被害果纵剖面

(四十一)小 实 蝇

1. 分布和为害症状　该害虫为国内外检疫性虫害。在广东、广西、福建、湖南和台湾等省、自治区的椪柑产区有分布。该害虫寄主较为复杂，除为害柑橘外，还为害桃、李、枇杷等。成虫产卵于寄主果实内，幼虫孵化后即为害果肉。

2. 形态特征　小实蝇成虫体长6～9毫米，翅展约16毫米，深黑色；胸部黄色，长有黑色或黄色的短毛；腹部由5节组成，呈赤黄色，有丁字形黑斑。雄成虫较雌成虫小。卵极小，肾脏形，淡黄色。幼虫黄白色至淡黄色，圆锥形，前端小而尖，口钩黑色，善弹跳，共3龄。蛹淡黄色至褐色(图13-20)。

3. 生活习性　1年发生3～5代，无严格越冬现象，发生极不整齐。广东省柑橘产区7～8月份发生较多，其习性与大实蝇相似。

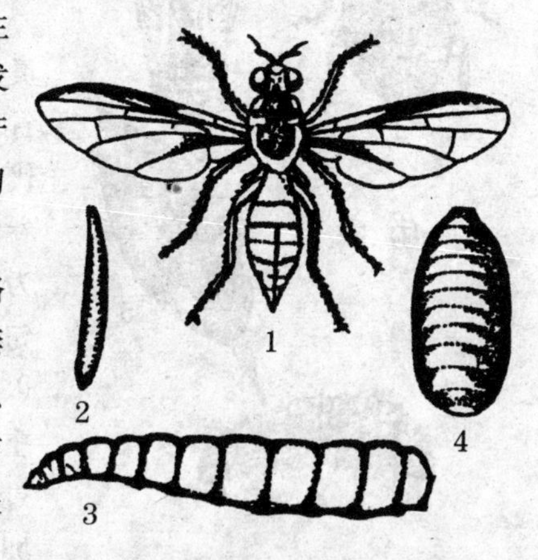

图13-20　小实蝇

1. 成虫　2. 卵　3. 幼虫　4. 蛹

4. 防治方法　一是严格检疫制度，严防传入。严禁从有该虫害地区调进苗木、接穗和果实。二是药剂防治，在做好虫情调查的前提下，成虫产卵前期喷布90%敌百虫晶体800倍液，或20%中西杀灭菊酯乳油2 000～2 500倍液，或20%灭扫利乳油2 000～2 500倍液与3%红糖水混合液，诱杀成虫，每次喷1/3的树，每树喷1/3的树冠，每4～5天喷1次，连续喷3～4次，遇大雨重喷，喷后2～3小时成虫即大量死亡。三是人工防治，在虫害果出现期，组织联防，发动果农摘除虫害果，深埋、烧毁或水煮。

(四十二)恶性叶甲

1. 分布与为害症状　又名柑橘恶性叶甲、黑叶跳虫、黑蛋虫等。国内柑柑产区均有分布。寄主仅限柑橘类。以幼虫和成虫为害嫩叶、嫩茎、花和幼果。

2. 形态特征　成虫长椭圆形，雌虫体长3～3.8毫米，体宽1.7～2毫米，雄虫略小；头、胸及鞘翅为蓝黑色，有光泽。卵为长椭圆形，长约0.6毫米，初为白色，后变为黄白色，近孵化时为深褐色。幼虫共3龄，末龄体长6毫米左右。蛹椭圆形，长约2.7毫

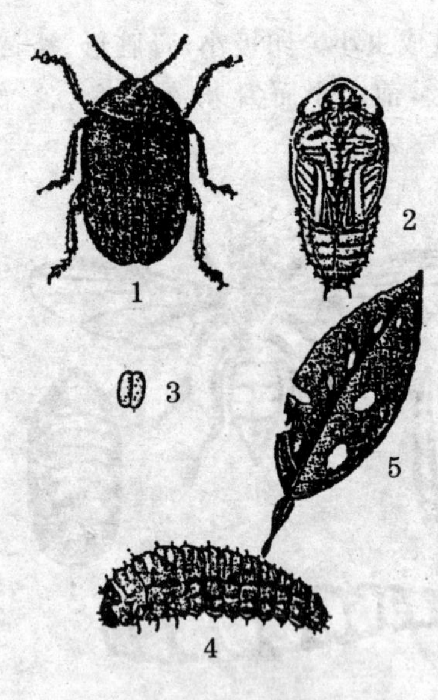

图 13-21 恶性叶甲

1. 成虫 2. 蛹 3. 卵
4. 幼虫 5. 幼虫危害叶片状

米，初为黄色，后变为橙黄色。形态特征及植物被害状，见图 13-21。

3. 生活习性 浙江、四川、贵州等省 1 年发生 3 代，福建省发生 4 代，广东省发生 6～7 代。以成虫在腐朽的枝干中或卷叶内越冬。各代幼虫发生期为 4 月下旬至 5 月中旬、7 月下旬至 8 月上旬和 9 月中下旬，以第一代幼虫为害春梢最严重。成虫散居，活动性不强，非过度惊扰不跳跃，有假死习性。卵多产于嫩叶背面或叶面的叶缘及叶尖处，绝大多数 2 粒并列。幼虫喜群居，孵化前后在叶背取食叶肉，留有表皮，长大一些后则连表皮食去，被害叶呈不规则缺刻和孔洞。树洞较多的果园，为害较重。高温是抑制该虫的重要因子。

4. 防治方法 一是消除有利其越冬、化蛹的场所。用松碱合剂，春季发芽前用 10 倍液，秋季用 18～20 倍液杀灭地衣和苔藓；清除枯枝、枯叶、霉桩，树洞用石灰或水泥堵塞。二是诱杀虫蛹。老熟成虫开始下树化蛹时用带有泥土的稻根放置在树杈处，或在树干上捆扎涂有泥土的稻草，诱集化蛹，在羽化为成虫前取下烧毁。三是初孵幼虫盛期用药剂防治，选用 2.5％溴氰菊酯乳油、20％氰戊菊酯乳油 2 500～3 000 倍液，或 90％敌百虫晶体 800～1 000 倍液喷洒。

(四十三)潜叶甲

1. 分布和为害症状 又名红金龟子等。椪柑产区有发生，以浙江、福建、四川、重庆等省、直辖市发生较多。成虫在叶背取食叶肉,仅留叶面表皮。幼虫蛀食叶肉成长形弯曲的隧道,使叶片萎黄脱落。

2. 形态特征　成虫卵圆形,背面中央隆起,体长3～3.7毫米,宽1.7～2.5毫米,雌虫略大于雄虫。卵为椭圆形,长0.68～0.86毫米,黄色,横粘于叶上,多数表面附有褐色排泄物。幼虫共3龄,全体浓黄色。蛹长3～3.5毫米,淡黄色至浓黄色。形态特征及植物被害状,见图13-22。

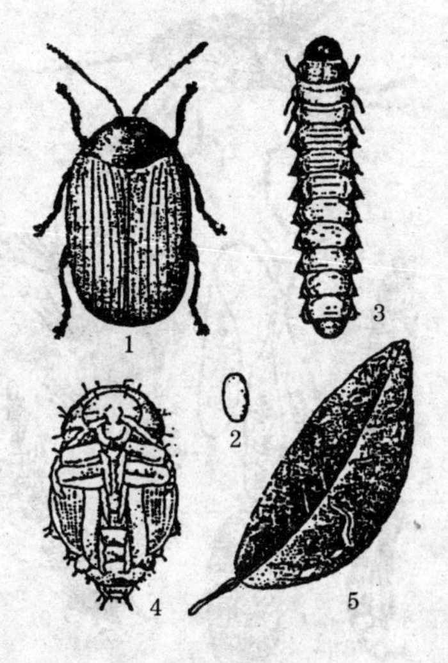

图13-22　潜叶甲

1. 成虫　2. 卵　3. 幼虫　4. 蛹　5. 幼虫为害叶片状

3. 生活习性　每年发生1代,以成虫在树干上的地衣、苔藓下、树皮裂缝及土中越冬。3月下旬至4月上旬越冬成虫开始活动,4月上中旬产卵,4月上旬至5月中旬为幼虫为害期,5月上中旬化蛹,5月中下旬羽化,5月下旬开始越夏。成虫喜群居,跳跃能力强。越冬成虫恢复活动后取食嫩叶、叶柄和花蕾。卵单粒散产,多粘在嫩叶背上。蛹室的位置均在主干周围60～150厘米的范围内,入土深度3厘米左右。

4. 防治方法　与防治恶性叶甲同。

(四十四)花 蕾 蛆

1. 分布和为害症状　花蕾蛆,又名橘蕾瘿蝇,属瘿蚊科。我国椪柑产区均有发生。仅为害柑橘。成虫在花蕾直径2～3毫米时,将卵从其顶端产入花蕾中,幼虫孵出后食害花器,使其成为黄白色不能开放的灯笼花。

2. 形态特征　雌成虫长1.5～1.8毫米,翅展2.4毫米,暗黄

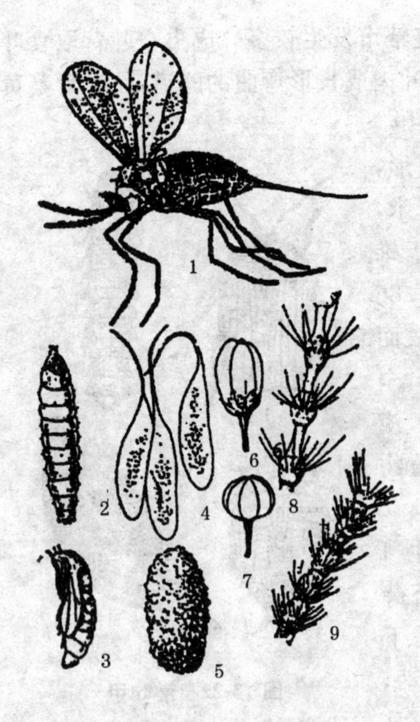

图 13-23 花蕾蛆

1. 雌成虫 2. 幼虫 3. 蛹 4. 卵 5. 茧 6. 正常花蕾 7. 被害花蕾 8. 雄虫触角 9. 雌虫触角

褐色,雄虫略小。卵为长椭圆形,无色透明。幼虫长纺锤形,橙黄色,老熟时长约 3 毫米。蛹为纺锤形,黄褐色,长约 1.6 毫米。形态特征及花蕾被害状,见图 13-23。

3. 生活习性　1 年发生 1 代,个别发生 2 代,以幼虫在土壤中越冬。椪柑现蕾时,成虫羽化出土。成虫白天潜伏,夜间活动,将卵产在花的子房周围。幼虫食害后使花瓣变厚,花丝花药成黑色。幼虫在花蕾中约 10 天,即弹入土壤中越夏越冬。阴湿、低洼、荫蔽的椪柑园、沙土及砂壤土有利其发生。

4. 防治方法　一是幼虫入土前,摘除受害花蕾,煮沸或深埋。二是成虫出土时进行地面喷药,即当花蕾直径 2～3 毫米时,用 50%辛硫磷乳油 1 000～1 500 倍液,或 20%中西杀灭菊酯乳油或溴氰菊酯乳油 2 500～3 000 倍液喷洒地面,隔 7～10 天喷 1 次,连喷 2 次。三是成虫已开始上树飞行,但尚未大量产卵前,用药喷树冠 1～2 次,药剂可选 80%敌敌畏乳油 1 000 倍液和 90%敌百虫晶体 800 倍的混合液,或 40%乐斯本乳油 2 000 倍液。四是成虫出土前进行地膜覆盖。

(四十五)长吻蝽

1. 分布和为害症状　长吻蝽又名角尖椿象、橘棘蝽和大绿蝽等，属半翅目，蝽科。我国柑橘产区均有发生。其寄主有柑橘、梨和苹果等。长吻蝽的成、若虫取食柑橘嫩梢、叶和果实。受害叶片呈枯黄色。嫩梢受害处变褐干枯。幼果受害后因果皮油胞受破坏，果皮紧缩变硬，果汁少、果小，受害严重时引起大量落果，果实在后期受害会腐烂脱落。

2. 形态特征　成虫绿色，长盾形，雌虫体长 18.5～24 毫米，雄虫体长 16～22 毫米，前胸背板前缘两侧角成角状突起，微向后弯曲呈尖角形(故称角尖蝽)，肩角边缘黑色，其上有甚多的粗大黑色刻点；头凸出，吻长达腹末第二节或末节，故名长吻蝽；复眼半球形，黑色；触角 5 节，黑色；足棕褐色，腹部各节前后缘为黑色，后缘两侧突出呈刺状，故称橘棘蝽；前翅绿色；雄虫腹面末端生殖节中央不分裂，雌虫则分裂。卵为圆桶形，灰绿色，顶部有圆形卵盖，卵盖圆周上有 25 个突起，卵直径 1.8 毫米。若虫初孵时椭圆形，淡黄色，头小呈长方形、周围黑色，口器细长如丝，触角 5 节、黑色，胸部各节后缘有黑纹，腹部淡黄色，背部两侧各有 8 个黑点，腹面黄红色；2 龄若虫红黄色，腹部背面有 3 个黑斑；3 龄若虫触角第四节端部白色；4 龄若虫前胸与中胸特别膨大，腹部有 5 个黑斑；5 龄若虫体绿色，前胸略有角状突起，中后胸出现翅芽，腹部 5～6 节背腹面的黑斑退化成刻点，腹部每边各有 10 多个黑斑，背面中央有红褐色圆点 2 对，中央有 1 臭腺孔。

3. 生活习性　长吻蝽 1 年发生 1 代，以成虫在枝叶或其他荫蔽处越冬。翌年 4～5 月份成虫开始活动，5 月上中旬产卵，5～6 月份为产卵盛期，卵常在叶片上以 13～14 粒整齐排成 2～3 行。雌虫一生产卵 3 次。卵期 5～6 天。若虫 5～10 月份均有，1 龄若虫多群集于叶片或果面、叶尖，但多不取食。2 龄若虫开始分散，2～3 龄若虫常群集于果上吸食，是引起落果的主要虫态。4～5 龄若虫和成虫分散取食。成虫常栖息于果或叶片之间，遇惊后即飞向远处和放出臭气。各虫态历期受温度和食物影响，在广州地区为 25～39 天。7～8 月份为害最烈。被害果一般不呈现水渍状。

4. 防治方法　一是5～9月份应经常巡视果园，发现叶片上的卵块及时摘除烧毁。在早晨露水未干，成、若虫不甚活动时，捕捉成、若虫。二是药剂防治最好在3龄之前进行。药剂有90%敌百虫晶体1000倍液，或80%敌敌畏乳油1000倍液等。三是其天敌有卵寄生蜂、黄惊蚁和螳螂等，应加以保护和利用。

(四十六)黑 蚱 蝉

1. 分布及为害症状　黑蚱蝉又名知了、蚱蝉，属同翅目，蝉科。重庆市、湖北省和三峡库区等不少柑橘产区均有为害。黑蚱蝉食性很杂，除为害柑橘外，还为害柳和楝树等植物，其成虫的采卵器将枝条组织锯成锯齿状的卵巢，产卵其中，枝条因被破坏使水分和养分输送受阻而枯死。被产卵的枝梢多为有果枝或结果母枝，故其为害不论对当年产量，还是对翌年花量都会有影响。

2. 形态特征　雄成虫体长44～48毫米，雌成虫体长38～44毫米，黑色或黑褐色，有光泽，被金色细毛；复眼突出，淡黄褐色；触角刚毛状，中胸发达，背面宽大，中央高并具“X”形突起；雄虫腹部1～2节有鸣器，能鸣叫，翅透明，基部1/3为黑色，前足腿节发达，有刺；雌虫无鸣器，有发达的产卵器和听觉器官。卵细长，乳白色，有光泽，长约2.5毫米。末龄若虫体长约35毫米，黄褐色。

3. 生活习性　黑蚱蝉12～13年才完成1代，以卵在枝内或以若虫在土中越冬。一般气温达22℃以上，进入梅雨期后，大量羽化为成虫出土，6～9月份，尤以7～8月份为甚。晴天中午或闷热天气成虫活动最盛。成虫寿命60～70天，7～8月份交尾产卵，卵多产在树冠外围1～2年生枝上，1条枝上通常有卵穴10余个，每穴有卵8～9粒。每只雌成虫可产卵500～600粒，卵期约10个月。若虫孵出后即掉入土中吸食植物根部汁液，秋凉后即深入土中，春暖后再上移为害。若虫在土中生活10多年，共蜕皮5次。老熟若虫在6～8月份的每日傍晚8～9点出土爬上树干或大枝，用爪和前足的刺固着在树皮上，经数小时蜕皮变为成虫。

4. 防治方法　一是在若虫出土期，每日傍晚20～21时，在树干、枝上人工捕捉若虫。二是冬季翻土时杀灭部分若虫。三是结合夏季修剪，剪除被为害、产卵的枝梢，集中烧毁。四是成虫出现后用网或粘胶捕杀，或夜间在地上生火后再摇树，成虫即会趋光扑火。

(四十七)金龟子

1. *分布和为害症状* 我国部分柑橘产区有金龟子为害。常见的金龟子有花潜金龟子、铜绿金龟子、红脚绿金龟子和茶色金龟子等。金龟子食性杂，主要以成虫取食叶片，也有为害花和果实的。发生严重时将嫩叶吃光，严重影响产量。幼虫为地下害虫，为害幼嫩多汁的嫩茎。

2. *形态特征* 常见的花潜金龟子，成虫体长 11～16 毫米，宽 6～9 毫米，体形稍狭长，体表散布有众多形状不同的白绒斑，头部密被长茸毛，两侧嚼点较粗密；鞘翅狭长，遍布稀疏弧形刻点和浅黄色长茸毛，散布众多白绒斑；腹部光滑，稀布刻点和长茸毛，1～4 节两侧各有 1 个白绒斑。卵为白色，球形，长约 1.8 毫米。老熟幼虫体长 22～23 毫米，头部暗褐色，上颚黑褐色，腹部乳白色。蛹体长约 14 毫米，淡黄色，后端橙黄色。

其他金龟子形态大同小异，此略。

3. *生活习性* 花潜金龟子 1 年发生 1 代，以幼虫在土壤中越冬，越冬幼虫于 3 月中旬至 4 月上旬化蛹，稍后羽化为成虫，4 月中旬至 5 月中旬是成虫活动为害盛期。成虫飞翔能力较强，多在白天活动，尤以晴天最为活跃，有群集和假死习性，为害以上午 10 时至下午 4 时最盛。常咬食花瓣、舐食子房，影响受精和结果，也可啃食幼果表皮，留下伤痕。成虫喜在土中、落叶、草地和草堆等有腐殖质处产卵，幼虫在土中生活并取食腐殖质和寄主植物的幼根。

4. *防治方法* 一是诱杀。利用成虫有明显的趋光性，可设置黑光灯或频振式杀虫灯在夜间诱杀。利用成虫群集的习性，可用瓶口稍大的浅色透明玻璃瓶，洗净后用绳子系住瓶颈，挂在柑橘树上，使瓶口与树枝距离在2厘米左右，并捉放2～3头活金龟子于瓶中，使柑橘园金龟子陆续飞过来，钻入瓶中而不能出来。通常隔3～4株挂1只瓶，金龟子快满瓶时取下，用热水烫死，瓶洗净可再用。也可用一端留竹节，长40～50厘米的竹筒，在筒底放1～2个腐果，加少许糖蜜，挂在树上。悬挂时筒口要与枝干相贴，金龟子成虫闻腐果和蜜糖气味会爬入筒中，但难以爬出而杀灭之。二是药杀。成虫密度大时，可进行树冠喷药，药剂可选择90%敌百虫晶体或80%敌敌畏乳油800倍液喷施。三是捕杀。针对成虫有假死性，可在树冠下铺塑料膜(或旧布)，也可放一加有少许煤油或洗衣粉的水盆，振摇树枝，收集落下的金龟子杀灭。此外，果园中养鸡，捕食金龟子效果也明显。四是冬耕。利用冬季翻耕果园时杀死土壤中的幼虫和成虫。如结合施辛硫磷(每公顷3.5～4千克)，效果会更好。五是在地上举火后摇动树，成虫趋光扑火而死。

(四十八)蜗　牛

1. 分布和为害症状　蜗牛又名螺丝、狗螺螺等，属软体动物门，腹足纲，有肺目，大蜗牛科。我国大部分柑橘产区均有分布，其食性很杂，能为害柑橘干、枝的树皮和果实。枝的皮层被咬食后使枝条干枯，果实的果皮和果肉遭其食害后，引起果实腐烂脱落，直接影响果实产量和品质。

2. 形态特征　成虫体长约35毫米，体软，黄褐色，头上有2个触角，体背有1个黄褐色硬质螺壳。卵为白色，球形，较光亮，孵化前土黄色。幼体较小，螺壳淡黄色，形体和成虫相似。

3. 生活习性　1年发生1代，以成虫或幼虫在浅土层或落叶下越冬，壳口有一白膜封住。3月中旬开始活动，晴天白天潜伏，晚上活动，阴雨天则整天活动，刮食枝、叶、干和果实的表皮层和果肉，并在爬行后的叶片和果实表面留下一层光滑黏膜。5月份成虫在根部附近疏松的湿土中产卵，卵表面有黏膜，许多卵产在一起，开始是群集为害，后来则分散取食。低洼潮湿的地区和季节发生多、为害重。干旱时则潜伏在土中，11月份入土越冬。

4. **防治方法**　一是人工捕捉，发现蜗牛为害时立即不分大小一律捕杀。养鸡、鸭啄食。二是在蜗牛产卵盛期中耕松土进行曝卵，可以消灭大批卵粒。为害盛期在果园堆放青草或鲜枝叶，可诱集蜗牛然后进行捕杀。三是早晨或傍晚，用石灰撒在树冠下的地面上或全园普遍撒石灰 1 次，每 667 平方米 20～30 千克，连续 2 次可将蜗牛全部杀死。

第十四章　椪柑果实的采收、采后处理及贮藏保鲜

椪柑果实的采收、分级、包装、运输、销售以及贮藏保鲜，是椪柑生产获得良好经济效益的重要环节。

一、椪柑果实的采收

采收是椪柑生产田间工作的结束，是运输、贮藏的开始，也是果品转变成商品的重要环节。采前做好准备，适时精细采收，不仅可减少损失、提高质量，而且也是做好贮藏工作的保证。

(一)采前准备

1. *制定采收计划*　为了有计划的采收、销售和贮藏，在果实采收前30天左右，应制定采收工作计划，内容包括：较准确地预测产量、成熟期、劳力、采果和运输工具的需要量等，以利于确定采收时间和各园的采收顺序，使采收工作有条不紊地按计划进行。采收工作计划应与收购运输部门衔接配合，外销椪柑应与外贸商检等部门做好协调工作。

2. *工具准备*　采果前必须把采果工具准备齐全，主要的采收工具有：果剪、采果篓、采果箱、采果梯和运输工具(机)等。

3. *人员培训*　采收质量优劣直接影响经济效益和果品的信誉。而采果人员的思想认识和是否掌握采收技术，直接影响采收质量，故采前要组织采果、运果人员学习培训。提高思想认识，掌握采果、运果技术。

(二)适时采收

气候、土壤、树龄以及栽培技术措施等因素的影响，常使椪柑

果实的最适采收期在不同的年份和不同的地区有所差异。加之果实是鲜销售还是贮藏，是产地销售还是外地（含出口）销售，采收时间也会不同。所以，为了做到适时采收，必须了解椪柑果实的成熟特征、影响成熟的因素和不同要求的果实成熟度指标。

1. 果实成熟的特征　成熟的椪柑果实与未成熟的果实相比，在外观和内质上都有明显变化。主要表现在：果汁中的糖和可溶性固形物含量增加，酸含量下降，果汁含量增加，果肉组织变软，果皮和果肉出现椪柑橙色或橙红色的固有色泽，且产生芳香物质。

2. 影响成熟的因素　影响椪柑果实成熟的因素很多，而且不少因素间通常又互相影响。

(1)气温　气温是影响果实成熟最主要的因素。热量条件好的南亚热带，椪柑在 11 月上中旬成熟，而热量条件稍差的北亚热带则在 12 月中下旬成熟，晚熟品种在翌年 2 月份成熟。

(2)光照　凡日照充足的产区能促进椪柑果实成熟。相反，光照不足会延缓果实成熟。山地种植的椪柑，向阳坡果实较阴坡着色快，成熟早。

(3)土壤　沙质壤土上栽培的椪柑，由于土温上升较快，吸收和保持土壤养分、水分的能力较弱，果实成熟有较快的趋势。而栽植在黏重、深厚、肥沃土壤中的椪柑，因保肥、保水能力较强，果实成熟延迟。此外，土壤浅薄，水分缺乏，夏秋干旱等可促进着色；秋季多雨着色延迟。

(4)施肥　果实发育后期，多施氮肥会使果实着色和成熟延迟；多施磷肥可使果实酸含量减少、成熟提早。

(5)植物激素　椪柑幼果期和成熟前喷布赤霉素（GA_3、九二〇）或 2,4-D 等，可加速细胞分裂，延缓果皮衰老，推迟果实着色。施肥、气温、雨水对椪柑品质的影响，见图 14-1。

3. 适时采收的成熟度指标　椪柑果实采收后，果实的品质和营养成分一般不再提高。为保证果品的质量，采收的果实应达到要求的成熟度。中国农业科学院柑橘研究所经 10 余年研究，提出了果皮色泽和果汁的固酸比值可作为柑橘果实成熟度的指标。椪柑在年平均温度 18℃以上产区,适宜于采收的成熟度指标:作短期贮藏的果实,色泽应达 5 级(果皮色泽按统一的比色板级别分为 7 级),固酸比值 10∶1;作长期贮藏用的果实,色泽应达 3 级,固酸比值 9∶1。

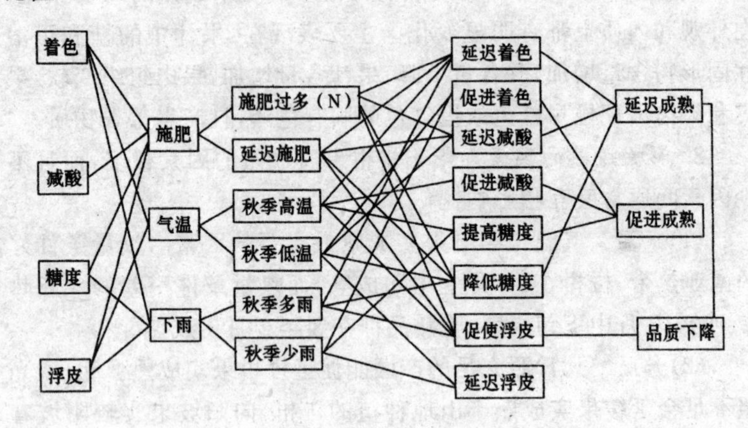

图 14-1 施肥、气温、雨水对椪柑成熟的影响

椪柑果实如不按成熟度指标采收,弊端很多。过早采收糖分积累不足,酸含量偏高,色泽欠佳,经贮藏后果实品质依然不佳;若采收过迟,则不耐贮运,易腐烂、失水。

果实用途不同,采收适期也有差别。立即应市的鲜食椪柑,应在果实达到椪柑品种固有的色泽、香气和风味的生理成熟期采收。外销果的采收标准,应根据进口国对果实成熟度的要求及运输距离远近、时间长短而定,其果实质量必须达到出口标准,并严格履行贸易合同。

此外,果实采收迟早对椪柑树体有较大的影响,见图 14-2。

(三)果实采收技术及注意事项

一是按操作程序采果,就一株树而言,先外后内,先下后上。二是凡遇下雨、落雪、降霜、起雾的天气,树上水分、露水未干以及

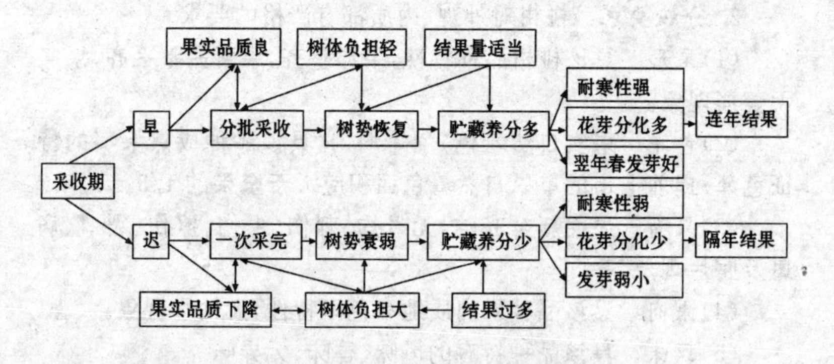

图 14-2　果实采收迟早对椪柑树体的影响

刮大风时均不宜采果。三是采果人员应先将指甲剪平，或戴手套，以免指甲刺破划伤果实。四是采摘实行复剪，即第一剪离果蒂 1 厘米左右处剪下，再齐果蒂剪第二剪，务必不伤果蒂，并保持果蒂完整。五是果实离手较远时，禁止强拉硬扯，以免拉松果蒂，造成果实贮藏中的腐烂。六是果实放入果篓或从果篓转入果箱时，均应轻拿轻放，不得抛掷和倾倒。为避免压伤果实，果篓和采果箱以装至 8～9 成满为宜。七是果实在运输途中，应将采果箱铁手把向上翻起，以便叠放；箩筐重叠堆放时，中间应隔木板，以免压伤果实。

二、椪柑果实的采后处理

椪柑的产后处理，要防止果实的再被污染。包括分级、包装运输、销售等各个环节。

（一）分　级

1. 初选　为了提高椪柑果实的质量和便于果实的运输、贮藏，分级前宜在果园进行初选。初选主要是剔除畸形果、病虫果和新伤果等。通过初选可使椪柑生产者了解到生产果园果品的质量，对果实的等级做到心中有数。同时，减少精选分级的工作量。

2. 分级要求　椪柑对外观、内质都有严格的要求。

(1)果形　具该椪柑品种特性，果形整齐，果蒂完整平齐，果实无萎蔫现象。

(2)色泽　果实自然着色，色泽均匀，具该品种成熟果实的特征色泽；提前上市的单果自然着色面积应大于全果的1/3。

(3)果面　果面新鲜光洁，无日灼、刺伤、虫伤、擦伤、裂口、病斑及腐烂现象。

(4)果肉　具该品种果肉质地和色泽特性，无枯水现象。

(5)风味　具该品种特有的风味、香味，无异味。

(6)缺陷果允许度　同批椪柑果品中腐烂果(因遭病菌侵染，部分或全部丧失食用价值的果实)不超过1%，严重缺陷果(存在干疤、水肿、冻伤、枯水等缺陷的果实)不超过2%，一般缺陷果(存在果形不正、着色不佳、果面轻度擦伤或果面有较明显斑痕的果实)不超过5%。

(7)理化要求　果实大小≥60毫米，可溶性固形物≥9%，固酸比(可溶性固形物与酸之比)≥13，可食率≥65%。

(8)卫生安全指标　应符合表14-1的要求。

表14-1　椪柑果实的安全卫生指标　(单位:毫克/千克)

通用名	指　标	通用名	指　标
砷(以As计)	≤0.5	氰戊菊酯	≤2.0
铅(以Pb计)	≤0.2	敌敌畏	≤0.2
汞(以Hg计)	≤0.01	乐果	≤2.0
甲基硫菌灵	≤10.0	喹硫磷	≤0.5
毒死蜱	≤1.0	除虫脲	≤1.0
氯氟氰菊酯	≤2.0	辛硫磷	≤0.05
氯氰菊酯	≤0.2	抗蚜威	≤0.5
溴氰菊酯	≤2.0		

注:禁止使用的农药在椪柑果实中不得检出

3. **分级方法**　分手工分组(级)板和机器的打蜡分级机。

(1)分组(级)板　常用于手工分级(组)的工具,分级时将分组(级)板用支架支撑,下置果箱,分级人员手拿果实从小孔至大孔比漏(切勿从大孔到小孔比漏),以确保从洞孔漏下的果实为该组的果实。为了正确地分级,必须注意以下事项:一是分组板必须经过检查,每孔误差不得超过 0.5 毫米。二是分级时果实要拿端正,切忌横漏或斜漏,漏果时应用手接住,轻放入箱,不准随其坠落,以免导致果实新伤。三是自由漏下,不能用力将果实从孔中按下。

(2)打蜡分级机　打蜡分级机通常由提升传送带、洗涤箱、打蜡抛光带、烘干箱、选果台和分级箱 6 部分组成。

①提升传送带:由数个辊筒组成滚动式运输带,将果实传送入清水池。

②洗涤装置:洗涤由漂洗、涂清洁剂、淋洗 3 个程序完成。漂洗水箱——盛清水(可加允许的杀菌剂),并由一抽水泵使箱内水不断循环流动,以利于除去果面部分脏物和混在果中的枝叶等。水箱上面附设一传送带,可供已漂洗的果实传到下一个程序。清洁剂刷洗和清水淋洗带——该部分上方由一微型喷洒清洁剂的喷头和一组喷水喷头组成,下方是一组毛刷辊筒组成的洗刷传送带。果实到达后,果面即被涂上清洁剂,经毛刷洗刷去污,接着传送到喷水喷头下进行淋洗,清除果面的脏污和清洁剂,经清洗过的果实传送到打蜡抛光带。

③打蜡抛光带:该工段由一排泡沫辊筒和一排特别的外包马鬃的铝筒制成的打蜡刷组成。经过清洗的果实,先经过泡沫辊筒擦干,减少果面的水渍,再进入打蜡工段。经过上方的喷蜡嘴喷上蜡液或杀菌剂等,再经打蜡毛刷旋转抛打,被均匀地涂上一层蜡液,打过蜡的果实进入烘干箱。

④烘干箱:以柴油燃烧产生 50℃～60℃的热空气,由鼓风机吹送到烘干箱内,使通过烘干箱的果实表面蜡液干燥,形成光洁透亮的蜡膜。

⑤选果台:由数个传送辊筒组成一个平台,经打蜡的果实,由传送带送到平台,平展地不断翻动,由人工剔除劣果,使优质果进入自动分组带。

⑥分级装箱　可按6个等级大小进行分级,等级的大小通过调节辊筒距离来控制。果实在上面传送滚动时,由小到大筛选出等级不同的果实,选漏的果实自动滚入果箱。

打蜡包装机生产线全部工艺流程:原料→漂洗→清洁剂洗刷→清水洗刷→擦洗(干)→涂蜡(或喷涂允许的杀菌剂)→抛光→烘干→选果→分级→装箱(装袋)→成品

分级全过程,不论是手工或是机器都应在无污染的环境条件下进行,使用的杀菌剂等应符合无公害椪柑的要求。

(二)包　装

椪柑果实包装的目的是为了在运输过程中果实不受机械损伤,保持新鲜,防止污染和避免散落和损失。包装可减弱果实的呼吸强度,减少果实的水分蒸发,降低自然失重损耗,减少果实之间病菌传播机会和果实与果实之间,果实与果箱之间摩擦而造成的腐损。果实包装后,特别是装饰性包装(礼品包装)还可增加对消费者的吸引力和扩大椪柑的销路。

1. 对包装的要求

(1)包装场地　场地应通风、防潮、防晒,温度25℃～30℃,空气相对湿度60%～90%,干净整洁,无污染物,不能存放有毒、有异味物品。

(2)包装材料　可采用单果包装,但包装材料应清洁,质地细致柔软、无污染,也可把经分级后的果实直接装箱。

(3)果品装箱　果品应排列整齐,内可用清洁、无毒的柔韧物衬垫。果箱用瓦楞纸箱,结构应牢固适用,且干燥、无霉变、无虫蛀、无污染。

(4)包装规格　每批次包装箱规格应做到一致,其规格可按GB/T 136 T 07(苹果、柑橘包装)规定执行,且每箱净重不超过20

千克，或按客户要求包装。

(5)包装标志　椪柑的包装上应标志果品名称、净重量、规格、产地、采收日期、包装日期、生产单位、执行标准代号及商品商标内容。

2. 包装技术

(1)纸包或薄膜包　每一果实包一张纸，交头裹紧。椪柑交头在果蒂部或果顶部。装箱时包果纸交头应全部向下。

(2)装箱　果实包装好后应立即装入果箱，一个箱内只能装同一品种、同一个级别的果实，外销果应按规定的个数装箱。装箱应按规定排列，底层果蒂一律向上，上层果蒂一律向下。底层应摆均匀，以后各层注意大小、高矮搭配，以果箱装平为度。装箱前先要垫好箱纸，两端各留半截纸作为盖纸，装果后折盖在果实上面。果实装毕应分组堆放，并注意保护果箱，防止受潮、虫蛀、鼠咬。

(3)成件　按要求封箱，做好标志，待运。

(三)运　输

椪柑果实运输是果实采后到入库贮藏或应市销售过程中必须经过的生产环节。运输质量直接影响椪柑果实的耐贮性、安全性和经济效益。严禁运输过程中对果实的再污染。

1. 对运输的要求　椪柑果实的运输，应做到快装、快运、快卸。严禁日晒雨淋，装卸、搬运时要轻拿轻放，严禁乱丢乱掷。

运输的装运工具(如汽车、火车车厢、轮船的装运舱等)应清洁、干燥、无异味。长途运输宜采用冷藏运输工具。椪柑果实的最适运输温度 7℃～9℃。

2. 运输方式　分短途运输和长途运输。短途运输是指椪柑果园到包装场(厂)、库房、收购站或就地销售的运输。短途运输要求浅箱装运，轻拿轻放，避免擦、挤、压、碰而损伤果实。长途运输系指椪柑果品通过汽车、火车、轮船等运往销售市场或出口。长途运输最好用冷藏运输工具，但难以全部采用。目前，运货火车有机械保温车、普通保温车和棚车 3 种，其中以机械保温车为优。

3. 运输途中管理　运输途中管理是运输成功的重要环节。运输途中应根据椪柑果实对运输环境(温度、湿度等)的要求进行管理,以减少运输中果实的损失。当温度超过适宜温度时,可打开保温车的通风箱盖,或半开车门,以通风降温;当车厢外气温降至0℃以下时,则堵塞通风口,有条件的,温度太低时可以加温。

(四)销　售

果实运到市场后,就进入销售,即果品直接与客商、消费者交易阶段。果品的批发,与客商交易;果品的零售,直接与消费者交易。不论是批发或是零售,仍应继续防止无公害椪柑的再被污染,使真正无公害的椪柑到消费者手中。

三、椪柑果实的贮藏保鲜

椪柑的贮藏保鲜,是通过人为的技术措施,使采摘后的果实或已成熟挂在树上的果实,延缓衰老,并尽可能地保持其固有的品质(外观和内质),使果品能排开季节,周年供应。鉴于椪柑果实采后或成熟后挂树贮藏仍是一个活体,会继续进行呼吸作用,消耗养分,故应采取保鲜技术,才能避免果实腐烂和损耗。

椪柑果实的贮藏保鲜,必须在无污染的条件下进行。

(一)果实在贮藏中的变化

椪柑果实的采后贮藏保鲜,常分为常温贮藏保鲜和低温贮藏保鲜。常温贮藏保鲜果实的变化,大多向坏的方向发展,如果实失水萎蔫,生理代谢失调,抗病能力减弱,糖、酸和维生素 C 含量降低,香气减少,风味变淡等。低温贮藏保鲜的果实,由于可人为地控制温度和湿度,甚至调节气体成分,可使常温中出现的这些变化减缓,控制在一定的限度以内。

酸是椪柑果实贮藏中消耗的主要基质,糖也消耗一部分,但因水分减少,故有时糖分的相对浓度并未下降。椪柑贮藏的时间,一般以 2～3 个月为宜,因产地不同,贮藏保鲜时间有异,产于南亚热带的椪柑，耐贮性较产于北亚热带椪柑差。贮藏保鲜时间之长短更应看市场的需求，注重经济效益，做到该售就售。

(二)影响果实贮藏保鲜的因素

1. 品种不同，贮藏性各异　品种不同耐贮性有差异，通常成熟期早的较成熟期晚的不耐贮藏。

2. 砧木不同，贮藏性各异　用枳、红橘作椪柑的砧木，果实的耐贮藏性好。

3. 树体生长、结果不同，贮藏性各异　通常壮龄树比幼龄树、过分衰老的树所结的果实耐贮藏。生长势健壮的树结的果实比生长势过旺的树结的果实耐贮藏。结果过多，肥水跟不上，果小色差，果实的耐贮性也差；大肥大水，果虽大，但皮厚色差味淡的果实，也不耐贮藏。通常结果部位在向阳面的果实、中部和外部的果实比背阴面、下部和内膛结的果实耐贮藏。

4. 栽培技术不同，贮藏性各异　一是修剪、疏花、疏果。经修剪、疏花、疏果留下的果实，因通风透光条件改善，营养充足，果实充实，品质好，耐贮藏。二是合理施肥，能增加果实的耐贮藏性。通常施氮肥的同时多施钾肥，果实酸含量提高，贮藏性增加；反之，施氮肥时少施钾肥，果实的贮藏性降低。三是科学灌水。凡根据椪柑需要进行灌溉的，果实品质和耐贮藏性好。但果实采收前2～3周若灌水太多，会延迟果实成熟，着色差，果实不耐贮藏。四是采前喷允许使用的生长调节剂、杀菌剂或其他营养元素的可提高果实的耐贮藏性。五是采收质量高，果实耐贮藏。六是装运条件采取装载适度、轻装轻卸，运输中不使果实震动太大而受伤，可使果实保持完好而耐贮藏。

5. 环境条件不同，贮藏性各异　环境条件主要是气温、光照、雨量等。

(1)温度　尤其是冬季的温度影响果实的贮藏性。冬季气温过高，果实色泽淡黄，使果实贮藏性变差；反之，冬季连续适度的低温，可增加果实的贮藏性。因温度高，呼吸作用大，消耗养分多，果实保鲜时间则短。此外，微生物的活动在一定的温度范围内随温度的升高而加快，通常常温保鲜的果实，开春后易腐烂，风味变淡，主要是果实呼吸作用加强和微生物活动加快所致。当然，温度过低也会引起对果实的伤害。

(2)湿度　主要影响贮藏果实水分蒸发的速度。湿度大，果实失水少，反之则多。一般椪柑果实含水量 85%～90%，水分过少果实会萎蔫；水分过多，果实会腐烂。

(3)气体成分　气体成分与果实贮藏保鲜关系密切，有氧的情况下果实进行正常的有氧呼吸；氧气不足的情况下，果实进行不正常的缺氧呼吸，不仅产生乙醇使果实变味，而且产生同样的能量，比正常有氧呼吸消耗的营养物质多得多。有时为延长果实保鲜期，而用提高二氧化碳的浓度来降低果实的呼吸强度，但浓度不能过高，否则会产生生理性病害。通常要求椪柑果实贮藏的氧气浓度不低于 19%，二氧化碳浓度不超过 2%～4%。

(4)贮藏的环境条件　贮藏场所、包装容器、运载工具等要进行消毒，防止果实再污染。有报道，椪柑保鲜 100 天，环境消毒与不消毒，果实的腐烂率分别为 2.1%和 15%。

(三)贮藏保鲜场所

椪柑果实贮藏保鲜场所有常温贮藏库和冷库之分。常温贮藏库以通风库为主，冷库主要是低温冷库。

果实在常温贮藏库按 GB/T 10547(柑橘贮藏)规定执行。

冷库贮藏，应经 2～3 天预冷，达到最终温度：椪柑 7℃～9℃；保持库内的相对湿度以 90%～95%为宜。

(四)贮藏保鲜技术

椪柑果实的贮藏保鲜技术有采后贮藏保鲜和留树保鲜之分。采后贮藏保鲜有药剂保鲜、包薄膜保鲜和打蜡(喷涂)保鲜等。

1. 采后贮藏保鲜

(1)药剂保鲜　所有保鲜药剂必须是无公害椪柑允许使用的，不允许用 2,4-D。

(2)薄膜包果　薄膜包果可降低果实贮藏保鲜期间的失重，减少褐斑(干疤)，果实新鲜饱满，风味正常。此外，薄膜单果包果还有隔离作用，可减少病害发生。

目前，薄膜包果常用0.008～0.01毫米厚的聚乙烯薄膜，且制成薄膜袋，成本低，使用方便。

(3)喷涂蜡液　喷涂蜡液可提高果实的商品性。一般喷涂蜡液后30天内将果实销售完毕。

2. 留(挂)树贮藏保鲜

椪柑留树贮藏保鲜，目前因品种尚未实现早、中、晚熟品种配套，不能排开季节、周年应市的情况下，多数采用采后贮藏保鲜。椪柑的留树保鲜不失为可采用的措施。

在采用椪柑留树保鲜时应注意以下几点。

第一，防止冬季落果。为防止冬季落果和果实衰老，在果实尚未产生离层前，对植株喷布1～2次浓度为10～20毫克/千克的赤霉素，间隔20～30天再喷1次。

第二，加强肥水管理。在9月下旬至10月下旬施有机肥，以供保果和促进花芽分化的需要。若冬季较干旱，应注意灌水，只要肥水管理跟上，一般不会影响椪柑翌年的产量。

第三，掌握挂(留)果期限。应在果实品质下降前采收完毕。

第四，防止果实受冻。冬季气温0℃以下的地区，一般不宜进行果实的留(挂)树贮藏。

第五，避免连续进行。一般留(挂)树贮藏2～3年，间歇(不留树贮藏)1年为好。

第十五章　椪柑果实加工

椪柑果实以鲜食为主，但也可加工成某些加工制品，尤其是变废为宝前景更好。

一、椪柑低糖鲜香蜜饯

传统方法加工蜜饯，因浸煮时间长，营养损失大，含糖量高而缺乏原料果实固有的鲜香味。

椪柑果皮含有丰富的维生素C、维生素P、矿物质元素和果胶等营养物质，是制作蜜饯的优质材料。

（一）晶　瓣

1．工艺流程　原料清洗→热烫去皮→分瓣去核→浸糖→干燥→包装→成品

2．成品的质量指标　基本保持囊瓣的固有形状和色泽，鲜亮透明，细嫩化渣，具有椪柑固有的香气和风味，甜酸适口而不甜腻，无苦涩等异味。总糖含量45％～55％，还原糖含量40％～45％，总酸含量1％左右，维生素C含量大于20毫克/100克成品，水分含量30％左右，系色、香、味、形、营养、卫生均佳的低糖鲜香蜜饯。

3．制作成本　制作晶瓣的原料吨耗率为3～4∶1，一般为3.8∶1。

4．保存期　低糖蜜饯含糖量较低，渗透压也低，水分含量较高，容易孳生微生物，应采取加强卫生操作、无菌包装和浸糖时加入适量防腐剂，在常温条件下可保存6个月。

（二）皮金条

1．工艺流程　果皮清洗→磨油→热烫剥皮→切分整形→脱

苦→漂洗→浸糖→干燥→包装→成品

2. 成品的质量指标　呈细条形，具有椪柑果皮固有的色泽，鲜亮透明，入口柔软化渣，不粘牙，具椪柑特有精油香气，甜酸适口，不甜腻，无苦涩味等异味，总糖含量45%～55%，还原糖含量40%～45%，总酸含量1%左右，维生素C含量大于20毫克/100克成品，水分含量25%～30%。系色、香、味、形、营养、卫生均佳的低糖鲜香蜜饯。

3. 制作成本　制作皮金条的原料吨耗率为3～4∶1，一般为3.5∶1。若用一种原料果实同时生产椪柑晶瓣和椪柑皮金条2种产品，原料的平均吨耗率为1.82∶1，1吨原料可生产0.55吨椪柑晶瓣和皮金条，其中晶瓣0.26吨，皮金条0.29吨。

市场蜜饯零售价8～14元/千克，产品有较高利润。

4. 保存期　常温保存期6个月。

二、椪柑橘饼

(一)工艺流程

原料拣选分级→洗果→去皮→划纹→榨汁去籽→硬化处理→盐煮→糖煮→晾干→包装→成品

(二)操作要点

1. 去皮　椪柑含苦物质较多，利用残次果加工全果橘饼，必须彻底去掉果实表皮。去皮可用人工去皮，也可用化学去皮，选用磷酸铵，将椪柑在煮沸的磷酸溶液(浓度为1%)中浸泡1分钟，不断搅拌，即可抹去表皮，再在清水中漂洗待用。

2. 划纹　用划纹器把椪柑纵向划纹6～8条，纹深0.2～0.5厘米，再榨汁去籽。

3. 硬化处理　椪柑去核后放入1%石灰水清液中浸泡12小时，捞出后漂洗6～12小时，再榨干。

4. 盐煮　1%盐水中煮沸10分钟，捞出榨干，以脱去部分苦味。

5. 糖煮　在夹层锅中倒入一定重量的糖(果重的1/2)加水与果面平，煮沸，待熬到糖度60%，再加糖(果重的1/5)和橙浊(果重的1/10 000)染色(因椪柑残次果脱皮后色泽较差，正常果制作橘饼可不加橙浊)。一直熬到糖度75%，果实呈透明为止，时间共需约2小时。

6. 晾干及包装　滤去糖液后晾干，用厚度为0.01毫米的聚乙烯薄膜(长、宽分别为13、15厘米)包装。

(三)产品质量

色泽橙黄，均匀一致，橘饼形状完整，呈扁圆形，饼身干爽。味甜爽口，饼质滋润，具橘香味，无异味。

水分含量小于20%，总糖含量大于75%，还原糖含量小于15%。无致病菌及因微生物作用所引起的腐败征兆。

三、椪柑果脯

(一)工艺流程

原料→清洗→热烫→染色→切片→盐腌→漂洗→糖腌→烘干→防腐→包装→成品

1. 原料　疏果时摘下的椪柑幼果，剪下1～2天内加工，剔除果径小于1厘米的小果(可晒干用于提取橙皮或作他用)。

2. 热烫　原料在95℃热水中烫1分钟左右，即取出投入染色液中。

3. 染色　染色液中加叶绿素铜钠盐0.05%，柠檬酸0.02%，常温下浸泡24小时，取出幼果用流动水漂洗干净。

4. 切片　用不锈钢刀把幼果切成1毫米厚的薄片。

5. 盐腌　采用一般果蔬的盐腌法，即分层压盐。一层原料撒一层盐，上层撒盐，压上重物，盐溶后可使椪柑薄片浸渍在盐溶液中。原料量与盐量之比5∶1，盐腌60小时。

6. 漂洗　漂洗24小时，中间换水4～5次，以基本去掉盐分

(口尝无盐)为准。

7. 糖腌　分次加糖,逐渐提高糖液浓度,以利于渗透。糖腌时加糖为原料重的20%,腌制方法同盐腌。因椪柑薄片漂洗后吸足水分,糖腌2天后糖即全部溶解,糖分达到渗透平衡后,测定糖液浓度,再加糖腌制2天,糖腌共90～96小时,最终糖液浓度达45%～47%为止,糖腌时加0.1%六偏磷酸钠,可改善品质,保护椪柑果脯色泽。

8. 烘干　椪柑薄片要摊放均匀,烘房温度控制在60℃～70℃,烘3小时即可取出,若用低温真空干燥则效果更好。

9. 防腐　用尼泊金乙酯(对羟基苯甲酸乙酯)15克,酒精50毫升,充分溶解,注入喷雾器内,椪柑薄片放入盆中,边喷边拌,使其均匀一致。50毫升防腐液可喷椪柑薄片30千克。

10. 包装　根据薄片大小分级包装。每袋圆片(薄片)大小要一致,采用真空包装,有利于延长保质期。

(二)产品质量标准

椪柑薄圆片外缘暗绿色,中间呈半透明的浅米黄色。橘片圆形,厚薄均匀,各级圆片直径大小一致,橘片韧性有咬劲感,甜酸适口,有椪柑清香味,略带椪柑特有的苦味,无异味。

水分≤2%,总糖≤50%(以葡萄糖汁),盐分<1%。无致病菌及因微生物作用引起的征兆。

四、椪柑汁

椪柑可榨汁,可榨原汁,也可榨浓缩汁。常用不适合鲜销的果实作原料。

(一)原　汁

椪柑原汁生产的工艺流程为:原料选取采运→检选→贮存→洗果→分级→榨汁→精制→调配→脱气→巴氏杀菌→果汁罐装→密封→冷却→装桶→成品

(二)浓缩汁

椪柑浓缩汁生产的工艺流程为：原料→贮存→洗净→选果→榨汁→离心→脱气、瞬间杀菌→浓缩→冷却(4℃～5℃)→冷冻(－8℃～－4℃)→装罐→冷冻贮藏(≤－18℃)

主要参考文献

[1] 邓毓华．椪柑栽培技术．南昌：江西科学技术出版社，1995.

[2] 任伊森，蔡明段．柑橘病虫草害防治彩色图谱．北京：中国农业出版社，2004.

[3] 吕印谱，马奇祥．新编常用农药使用简明手册．北京：中国农业出版社，2004.

[4] 吴涛．中国柑橘实用技术文献精编（上、下）．重庆：中国南方果树杂志社，2004.